출제예상문제와 합격 포인트

떡제조기능사
필기&실기

곽정순 · 주명희 · 이선미 · 최혜경 · 도종희
김경숙 · 윤영주 · 송승빈 · 이찬성 · 박은경

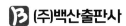 (주)백산출판사

태어나서 죽을 때까지 일생 동안 겪게 되는 생애주기별 의식을 통과의례(通過儀禮)라
한다.

태어난 아이가 100일을 채워 첫 생일인 돌을 맞이하고 성인이 되어 혼인을 하며 회갑을
맞이하는 의례 등이 이에 해당된다.

이 과정에서 빠질 수 없는 음식이 있다면 바로 떡이다. 우리가 언제부터 어떻게 떡을 먹
기 시작했는지 정확하게 알 수는 없지만 그해의 무병장수(無病長壽)를 바라며 새해에 먹는
떡국, 아이의 순수함을 지키고 무병을 염원하는 100일상에 오르는 백설기, 액운을 막는 의
미의 수수떡, 합격을 기원하는 찹쌀떡 등 크건 작건 중요한 순간에는 항상 떡이 함께했다.

이렇게 오랜 전통과 역사를 자랑하는 우리 고유의 최고 음식인 떡이 역사적 수난과
현대화의 몸살에 설 자리를 잃은 건 참으로 안타까운 일이다.

2019년에 떡제조기능사 국가자격시험이 처음 실시되어 늦은 감이 있지만 참으로 다행
이라 생각한다. 또한 떡이 식품분야에서 중요한 역할을 하고 나아가 세계음식으로 도약하
길 염원하며, 그동안 다양한 떡에 대한 다양한 연구과정을 통해 배우고 익혔던 순간을 모두
담아 집필하게 되었다. 떡의 기초를 배우고 싶은 분이나 떡 전문가가 되고 싶은 분들에게
도움이 되길 바란다.

저자 일동

차례

01 이론편

02 실기편

떡제조기능사 실기 예상문제

떡제조기능사
시험 공지

◉ 떡제조기능사

곡류, 두류, 과채류 등과 같은 재료를 이용하여 각종 떡류를 만드는 자격으로, 필기(떡제조 및 위생관리) 및 실기(떡제조 실무)시험에서 100점을 만점으로 하여 60점 이상 받은 자에게 부여하는 국가 자격증이다.

○ 2023년도 떡제조기능사 실기시험 공지사항을 붙임과 같이 알려드리오니, 수험준비에 참고하시기 바랍니다.

- 적용시기 : 2023년도 1월 1일 이후(기능사 제1회 실기시험부터)
- 공개문제 : 큐넷 www.q-net.or.kr > 자료실 > 공개문제 > '떡제조기능사' 입력 후 검색

※ 참고사항

1) 공개문제는 수험준비를 위한 참고사항이며, 실제 출제 시에는 과제별 상세 요구사항 등이 변경될 수 있음을 알려드립니다(과제명의 변경은 없음).

2) 시험당일 공개문제 중 1가지 형별이 무작위로 선정되어 시행됩니다.

3) 요구사항 외의 제조방법 및 채점기준은 비공개 사항임을 참고하시기 바랍니다.

4) 단순 맞춤법, 문장순화를 위한 내용은 별도 공지 없이 수정될 수 있습니다.

○ 검정형 자격 시험정보

2022년 떡제조기능사 필기시험 합격률

회차	접수자	응시자	합격자	합격률
1회	1,554	1,334	970	72.7%
2회	2,029	1,691	1,172	69.3%
3회	2,401	2,110	1,402	66.4%
4회	2,050	1,711	1,245	72.8%
합계	8,034	6,846	4,789	70.0%

2022년 떡제조기능사 실기시험 합격률

회차	접수자	응시자	합격자	합격률
1회	1,445	1,204	571	47.8%
2회	1,591	1,387	627	45.2%
3회	1,906	1,627	785	48.2%
4회	2,025	1,760	850	48.3%
합계	6,967	5,978	2,833	47.4%

○ 응시안내

수수료

- 필기 : 14,500원 / 실기 : 37,300원

◉ 출제경향

시험과목 및 활용 국가직무능력표준(NCS)

• 국가기술자격의 현장성과 활용성 제고를 위해 국가직무능력표준(NCS)을 기반으로 자격의 내용(시험과목, 출제기준 등)을 직무 중심으로 개편하여 시행합니다.

필기시험

과목명	활용 NCS 능력단위	NCS 세분류	과목명	활용 NCS 능력단위	NCS 세분류
떡 제조 및 위생관리	설기떡류 만들기	떡제조	떡제조 실무	설기떡류 만들기	떡제조
	켜떡류 만들기			켜떡류 만들기	
	빚어 찌는 떡류 만들기			빚어 찌는 떡류 만들기	
	약밥 만들기			약밥 만들기	
	인절미 만들기			인절미 만들기	
	고물류 만들기			위생관리	
	가래떡류 만들기			안전관리	
	찌는 찰떡류 만들기			가래떡류 만들기	
	위생관리			고물류 만들기	
	안전관리			찌는 찰떡류 만들기	

☞ NCS 세분류를 클릭하시면 관련 정보를 확인하실 수 있습니다.

※ 국가직무능력표준(NCS)이란? 산업현장에서 직무를 수행하기 위해 요구되는 지식 · 기술 · 태도 등의 내용을 국가가 산업부문별 · 수준별로 체계화한 것

국가기술자격 시험절차 안내

취득방법

1	필기원서접수	Q-net을 통한 인터넷 원서접수
		필기접수 기간 내 수험원서 인터넷 제출
		사진(6개월 이내에 촬영한 3.5cm*4.5cm, 120*160픽셀 사진파일(JPG) 수수료 전자결제
		시험장소 본인 선택(선착순)
2	필기시험	Q-net을 통한 합격확인(마이페이지 등)
3	합격자 발표	응시자격 제한종목(기술사, 기능장, 기사, 산업기사, 서비스 분야 일부 종목)은 사전에 공지한 시행계획 내 응시자격 서류제출 기간 이내에 반드시 응시자격 서류를 제출하여야 함
4	실기원서 접수	실기접수기간 내 수험원서 인터넷(www.Q-net.or.kr) 제출
		사진(6개월 이내에 촬영한 3.5cm*4.5cm픽셀 사진파일JPG, 수수료(정액)
		시험일시, 장소 본인 선택(선착순)
5	실기시험	수험표, 신분증, 필기구 지참
6	최종합격자 발표	Q-net을 통한 합격확인(마이페이지 등)
7	자격증 발급	(인터넷)공인인증 등을 통한 발급, 택배가능(방문수령) 사진(6개월 이내에 촬영한 3.5cm*4.5cm 사진) 및 신분확인서류

응시절차 안내

① 시행처 : 한국산업인력공단

② 관련학과 : 산업수요맞춤형고등학교 및 특성화고등학교 조리, 제과 관련 학과 대학 및 전문대학의 조리, 제과 관련 학과 등

③ 시험과목 필기 : 떡제조 및 위생관리, 실기 : 떡제조 실무

④ 검정방법 필기 : 객관식 60문항(60분), 실기 : 작업형(2시간 정도)-공개문제 참고

⑤ 합격기준 - 필기 · 실기 : 100점을 만점으로 하여 60점 이상

안전등급(safety Level) : 2 등급

| 위험 | 경고 | 주의 | 관심 |

• 시험장소 구분	구분
• 주요시설 및 장비	가스레인지, 조리도구
• 보호구	위생복 등

• 보호구(위생복 등) 착용, 정리정돈 상태, 안전사항 등이 채점 대상이 될 수 있습니다. 반드시 수험자 지참공구 목록을 확인하여 주시기 바랍니다.

◉ 2023년도 떡제조기능사 실기시험 안내

과제목록 및 시험시간

과제번호	'22년도	'23년도 (기능사 제1회부터)	시험시간
1회	콩설기떡, 경단	콩설기떡, 부꾸미	2시간
2회	송편, 쇠머리떡	송편, 쇠머리떡	
3회	무지개떡(삼색), 부꾸미	무지개떡(삼색), 경단	
4회	백편, 인절미	백편, 인절미	

- 요구사항, 지급재료목록, 지참준비물은 '22년도와 동일
※ 과제가 추가될 경우, 큐넷 공개문제 게시 후 6개월 정도의 유예기간을 적용하여 시행함을 알려드리오니 참고하여 주시기 바랍니다.

수험자 유의사항

1) 항목별 배점은 [정리정돈 및 개인위생 14점], [각 과제별 43점씩×2가지 = 총 86점]이며, 요구사항 외의 제조 방법 및 채점기준은 비공개입니다.

2) 시험시간은 재료 전처리 및 계량시간, 정리정돈 등 모든 작업과정이 포함된 시간입니다 (시험시간 종료 시까지 작업대 정리를 완료).

3) 수험자 인적사항은 검은색 필기구만 사용하여야 합니다. 그 외 연필류, 유색 필기류, 지워지는 펜 등은 사용이 금지됩니다.

4) 시험 전 과정 위생수칙을 준수하고 안전사고 예방에 유의합니다.

- 시작 전 간단한 가벼운 몸 풀기(스트레칭) 운동을 실시한 후 시험을 시작하십시오.
- 위생복장의 상태 및 개인위생(장신구, 두발·손톱의 청결 상태, 손씻기 등)의 불량 및 정리 정돈 미흡 시 실격 또는 위생항목 감점처리됩니다.

5) 작품채점(외부평가, 내부평가 등)은 작품 제출 후 채점됨을 참고합니다.

6) 수험자는 제조 과정 중 맛을 보지 않습니다(맛을 보는 경우 위생 부분 감점).

7) 요구사항의 수량을 준수합니다(요구사항 무게 전량/과제별 최소 제출 수량 준수).

 -「지급재료목록 수량」은「요구사항 정량」에 여유량이 더해진 양입니다.

 - 수험자는 시험 시작 후 저울을 사용하여 요구사항대로 정량을 계량합니다(계량하지 않고 지급재료 전체를 사용하여 크기 및 수량이 초과될 경우는 "재료 준비 및 계량항목"과 "제품평가" 0점처리).

 - 계량은 하였으나, 제출용 떡 제품에 사용해야 할 떡반죽(쌀가루 포함)이나 부재료를 사용하지 않고 지나치게 많이 남기는 경우, 요구사항의 수량에 미달될 경우는 "제품평가" 0점 처리.

 - 단, 찜기의 용량을 초과하여 반죽을 남기는 경우는 제외하며, 용량 초과로 떡반죽(쌀가루 포함) 및 부재료를 남기는 경우는 찜기에 반죽을 넣은 후 손을 들어 남은 떡반죽과 재료에 대해서 감독위원에게 확인을 받아야 함.

8) 타이머를 포함한 시계 지참은 가능하나, 아래 사항을 주의합니다.

 - 다른 수험생에게 피해가 가지 않도록 알람 소리, 진동 사용을 제한

 - 손목시계를 착용하는 것은 이물 및 교차오염 방지를 위해 착용을 제한(착용 시 감점)

9) "몰드, 틀" 등과 같은 기능 평가에 영향을 미치는 도구는 사용을 금합니다(사용 시 감점).

 - 쟁반, 그릇 등을 변칙적으로 몰드 용도로 사용하는 경우는 감점

10) 찜기를 포함한 지참준비물이 부적합할 경우는 수험자의 귀책사유이며, 찜기가 지나치게 커서 시험장 가스레인지 사용이 불가할 경우는 가스 안전상 사용에 제한이 있을 수 있습니다.

11) 의문 사항은 손을 들어 문의하고 그 지시에 따릅니다.

12) 다음 사항은 실격에 해당하여 채점 대상에서 제외됩니다.

　　가) 수험자 본인이 수험 도중 시험에 대한 포기 의사를 표현하는 경우

　　나) 위생복 상의, 위생복 하의(또는 앞치마), 마스크 중 1개라도 착용하지 않을 경우

　　다) 시험기간 내에 2가지 작품 모두를 제출대(지정장소)에 제출하지 못한 경우

　　라) 모양, 제조방법(찌기를 삶기로 하는 등)을 준수하지 않았을 경우

　　마) 상품성이 없을 정도로 타거나 익지 않은 경우(제품 가운데 부분의 쌀가루가 익지 않아 생쌀가루 맛이 나는 경우, 익지 않아 형태가 부서지는 경우)

　　　※ 찜기 가장자리에 묻어나오는 쌀가루 상태는 채점대상이 아니며, 콩의 익은 정도는 감점 대상(실격 대상 아님)

　　바) 지급된 재료 이외의 재료를 사용한 경우(재료 혼용과 같이 해당 과제 외 다른 과제에 필요한 재료를 사용한 경우도 포함)

　　　※ 기름류는 실격처리가 아닌 감점 처리이므로 지급재료목록을 확인하여 기름류 사용에 유의(단, 떡 반죽 재료 또는 떡 기름칠 용도로 직접적으로 사용하지 않고 손에 반죽 묻힘 방지용으로는 사용 가능)

　　사) 시험 중 시설·장비의 조작 또는 재료의 취급이 미숙하여 위해를 일으킬 것으로 감독위원 전원이 합의하여 판단한 경우

수험자 지참 준비물

※ 지참준비물 목록

번호	재료명	규격	단위	수량	비고
1	가위	가정용	EA	1	조리용
2	계량스푼	–	SET	1	재질, 규격, 색깔 제한 없음
3	계량컵	200mL	EA	1	재질, 규격, 색깔 제한 없음
4	나무젓가락	30~50cm 정도	SET	1	
5	나무주걱	null	EA	1	
6	냄비	–	EA	1	
7	뒤집개	–	EA	1	요리할 때 음식을 뒤집는 기구(뒤집개, 스패출러, 터너라고 통용됨)
8	면장갑	작업용	켤레	1	
9	볼(bowl)	–	EA	1	스테인리스볼/플라스틱재질 가능, 대중소 각 1개씩(크기 및 수량 가감 가능, 예시 : 중2개와 소2개 지참 가능)
10	비닐	50×50cm	EA	1	재료 전처리 또는 떡을 덮는 용도 등, 다용도용으로 필요량만큼 준비
11	비닐장갑	null	켤레	5	일회용 비닐 위생장갑, 니트릴 라텍스 등 조리용 장갑 사용 가능
12	소창 또는 면포	30×30cm 정도	장	1	
13	솔	소형	EA	1	기름 솔 용도
14	스크래퍼	150mm 정도	EA	1	재질, 크기, 색깔 제한 없음(제과용, 조리용 스크래퍼, 호떡누르개, 다용도 누르개 등 가능)
15	신발	작업화	족	1	세부기준 참고
16	위생모	흰색	EA	1	세부기준 참고
17	위생복	흰색(상하의)	벌	1	세부기준 참고(실험복은 위생 0점 처리됨)
18	위생행주	면, 키친타월	EA	1	
19	저울	조리용	대	1	g 단위 측정 가능한 것, 재료 계량용
20	절굿공이	조리용	EA	1	나무밀대, 방망이(크기와 재질 무관, 공개문제 참고하여 준비)
21	접시	조리용	EA	2	수량, 크기, 재질, 색깔 제한 없음

번호	재료명	규격	단위	수량	비고
22	찜기	대나무찜기, 외경 기준 지름 25*내경 기준 높이 7cm 정도, 오차범위±1cm)	SET	2	물솥, 시루망(면포, 실리콘패드) 및 시루 일체 포함. 1개 만 지참하고 시험시간 내 세척하여 사용하는 것도 가능 (단, 시험시간의 추가는 없음)
23	체	null	EA	1	경단 건지는 용도. 직경 20cm 냄비에 들어갈 수 있는 소형 크기
24	체	null	EA	1	재질 무관(스테인리스, 나무체 등) 28*6.5cm 정도의 중간체. 재료 전처리 등 다용도 활용
25	칼	조리용	EA	1	
26	키친페이퍼	null	EA	1	키친타월
27	프라이팬	–	EA	1	시험장에 프라이팬 구비되어 있음. 필요 시 개인용으로 지참 가능

위생상태 및 안전관리 세부기준

순번	구분	세부기준	채점기준
1	위생복 상의	• 전체 흰색, 기관 및 성명 등의 표식이 없을 것 • 팔꿈치가 덮이는 길이 이상의 7부·9부·긴소매(수험 자 필요에 따라 흰색 팔토시 가능) • 상의 여밈은 위생복에 부착된 것이어야 하며 벨크로 (일명 찍찍이), 단추 등의 크기, 색상, 모양, 재질은 제한 하지 않음(단, 금속성 부착물·뱃지, 핀 등은 금지) • 팔꿈치 길이보다 짧은 소매는 작업 안전상 금지 • 부직포, 비닐 등 화재에 취약한 재질 금지	• 미착용, 평상복(흰티셔츠 등), 패션모자(흰털모자, 비니, 야구모자 등)->실격 • 기준 부적합->위생 0점 -식품가공용이 아닌 경우(화 재에 취약한 재질 및 실험복 형태의 영양사·실험복 가 운은 위생 0점) -(일부)유색/표식이 가려지지 않은 경우 -반바지·치마 등 -위생모가 뚫려 있어 머리카락 이 보이거나, 수건 등으로 감싸 바느질 마감처리가 되어 있지 않고 풀어지기 쉬워 일반 식 품가공 작업용으로 부적합한 경우 등 -위생복의 개인 표시(이름, 소속)은 테이프로 가릴 것 -조리 도구에 이물질(예, 테 이프) 부착 금지
2	위생복 하의 (앞치마)	•「흰색 긴바지 위생복」또는「(색상 무관) 평상복 긴바지 + 흰색 앞치마」 -흰색앞치마 착용 시, 앞치마 길이는 무릎 아래까지 덮이 는 길이일 것 -평상복 긴바지의 색상·재질은 제한이 없으나, 부직 포·비닐 등 화재에 취약한 재질이 아닐 것 -반바지·치마·폭넓은 바지 등 안전과 작업에 방해가 되는 복장은 금지	
3	위생모	• 전체 흰색, 기관 및 성명 등의 표식이 없을 것 • 빈틈이 없고, 일반 식품가공 시 통용되는 위생모(크기 및 길이, 재질은 제한 없음) -흰색 머릿수건(손수건)은 머리카락 및 이물에 의한 오염 방지를 위해 착용 금지	

4	마스크	• 침액 오염 방지용으로, 종류는 제한하지 않음 (단, 감염병 예방법에 따라 마스크 착용 의무화 기간에는 '투명 위행 플라스틱 입가리개'는 마스크 착용으로 인정하지 않음)	• 미착용−>실격
5	위생화 (작업화)	• 색상 무관, 기관 및 성명 등의 표식 없을 것 • 조리화, 위생화, 작업화, 운동화 등 가능 (단, 발가락, 발등, 발뒤꿈치가 모두 덮일 것) • 미끄럼짐 및 화상의 위험이 있는 슬리퍼류, 작업에 방해가 되는 굽이 높은 구두, 속 굽 있는 운동화 금지	• 기준 부적합−>위생 0점
6	장신구	• 일체의 개인용 장신구 착용 금지 (단, 위생모 고정을 위한 머리핀은 허용) • 손목시계, 반지, 귀걸이, 목걸이, 팔찌 등 이물, 교차오염 등의 식품위생 위해 장식구는 착용하지 않을 것	• 기준 부적합−>위생 0점
7	두발	• 단정하고 청결할 것, 상처가 있을 경우 흘러내리지 않도록 머리망을 착용하거나 묶을 것	• 기준 부적합−>위생 0점
8	손/손톱	• 손에 상처가 없어야 하나, 상처가 있을 경우 보이지 않도록 할 것(시험위원 확인하에 추가 조치 가능) • 손톱은 길지 않고 청결하며 메니큐어, 인조손톱 등을 부착하지 않을 것	• 기준 부적합−>위생 0점
9	위생관리	• 재료, 조리기구 등 조리에 사용되는 모든 것은 위생적으로 처리하여야 하며, 식품가공용으로 적합한 것일 것	• 기준 부적합−>위생 0점
10	안전사고 발생처리	• 칼 사용(손 빔) 등으로 안전사고 발생 시 응급조치를 하여야 하며, 응급조치에도 지혈이 되지 않을 경우 시험 진행 불가	−

※ 일반적인 개인위생, 식품위생, 작업장 위생, 안전관리를 준수하지 않을 경우 감점처리될 수 있습니다.

특이 사항

• 수험자지참준비물 중 "뒤집개"
둥근 원판은 실기시험에서 사용을 제한함을 알려드리오니, 지참하지 않도록 주의하여 주시기 바랍니다.

• 쇼핑몰에서 "떡뒤집개, 아크릴 뒤집개판, 원형아크릴판, 떡뒤집개판" 등의 제품명으로 판매하고 있으나, 식품용 기구로 활용되는 정식 명칭은 아님을 참고하시기 바랍니다.

- 적합하지 않은 도구를 사용하여 식품안전 및 위생상 부적합할 경우 "감점"처리됨을 알려드리오니 참고하여 주시기 바랍니다.

> - 「뒤집개」는 요리할 때 음식을 뒤집는 기구로써 뒤집게, 뒤집기, 뒤지개, 스파튤라(spatula), 터너(turner) 등의 명칭으로 통용되고 있으며, 일반적인 조리(주방)도구로써 실리콘, 스테인리스, 나무, 나일론 등 다양한 적합 재질로 제조되어 판매됩니다.

- 냉장·냉동고 사용 안내

  시험장의 냉장·냉동고는 수험자에게 재료를 지급하기 전 시험본부에서 재료를 보관하기 위한 설비로써, 수험자가 시험기간 중 사용하는 것은 허용되지 않습니다.

- 지참준비물에 없는 핀셋, 계산기 사용 가능 여부 안내

  핀셋, 계산기는 실기시험 과정 중 필수적인 도구가 아니며, 일반적으로 사용되는 조리용 도구가 아니므로 사용을 금합니다.

◉ 출제기준(필기)

직무분야	식품가공	중직무분야	제과 · 제빵	자격종목	떡제조기능사	적용기간	2022.1.1.~ 2026.12.31.
직무내용	곡류, 두류, 과채류 등과 같은 재료를 이용하여 식품위생과 개인안전관리에 유의하여 빻기, 찌기, 발효, 지지기, 치기, 삶기 등의 공정을 거쳐 각종 떡류를 만드는 직무이다.						

필기검정방법		객관식	문제수	60	시험시간	1시간

필기 과목명	출제 문제수	주요항목	세부항목	세세항목
떡 제조 및 위생 관리	60	1. 떡 제조 기초이론	1. 떡류 재료의 이해	1. 주재료(곡류)의 특성 2. 주재료(곡류)의 성분 3. 주재료(곡류)의 조리원리 4. 부재료의 종류 및 특성 5. 과채류의 종류 및 특성 6. 견과류 · 종실류의 종류 및 특성 7. 두류의 종류 및 특성 8. 떡류 재료의 영양학적 특성
			2. 떡의 분류 및 제조 도구	1. 떡의 종류 2. 제조기기(롤밀, 제병기, 펀칭기 등)의 종류 및 용도 3. 전통도구의 종류 및 용도
		2. 떡류 만들기	1. 재료준비	1. 재료관리 2. 재료의 전처리
			2. 고물 만들기	1. 찌는 고물 제조과정 2. 삶는 고물 제조과정 3. 볶는 고물 제조과정
			3. 떡류 만들기	1. 찌는 떡류(설기떡, 켜떡 등) 제조과정 2. 치는 떡류(인절미, 절편, 가래떡 등) 제조과정 3. 빚는 떡류(찌는 떡, 삶는 떡) 제조과정 4. 지지는 떡류 제조과정 5. 기타 떡류(약밥, 증편 등)의 제조과정
			4. 떡류 포장 및 보관	1. 떡류 포장 및 보관 시 주의사항 2. 떡류 포장 재료의 특성
		3. 위생 · 안전관리	1. 개인 위생관리	1. 개인 위생관리 방법 2. 오염 및 변질의 원인 3. 감염병 및 식중독의 원인과 예방대책

필기 과목명	출제 문제수	주요항목	세부항목	세세항목
			2. 작업 환경 위생 관리	1. 공정별 위해요소 관리 및 예방(HACCP)
			3. 안전관리	1. 개인 안전 점검 2. 도구 및 장비류의 안전 점검
			4. 식품위생법 관련 법 규 및 규정	1. 기구와 용기·포장 2. 식품등의 공전(公典) 3. 영업·벌칙 등 떡제조 관련 법령 및 식품의 약품안전처 개별 고시
		4. 우리나라 떡의 역사 및 문화	1. 떡의 역사	1. 시대별 떡의 역사
			2. 시·절식으로서의 떡	1. 시식으로서의 떡 2. 절식으로서의 떡
			3. 통과의례와 떡	1. 출생, 백일, 첫돌 떡의 종류 및 의미 2. 책례, 관례, 혼례 떡의 종류 및 의미 3. 회갑, 회혼례 떡의 종류 및 의미 4. 상례, 제례 떡의 종류 및 의미
			4. 향토 떡	1. 전통 향토 떡의 특징 2. 향토 떡의 유래

◉ 출제기준(실기)

직무분야	식품가공	중직무분야	제과 · 제빵	자격종목	떡제조기능사	적용기간	2022.1.1.~ 2026.12.31.
직무내용		곡류, 두류, 과채류 등과 같은 재료를 이용하여 식품위생과 개인안전관리에 유의하여 빻기, 찌기, 발효, 지지기, 치기, 삶기 등의 공정을 거쳐 각종 떡류를 만드는 직무이다.					
수행준거		1. 재료를 계량하여 전처리한 후 빻기 과정을 거쳐 준비할 수 있다. 2. 떡의 모양과 맛을 향상시키기 위하여 첨가하는 부재료를 찌기, 볶기, 삶기 등의 각각의 과정을 거쳐 고물을 만들 수 있다. 3. 준비된 재료를 찌기, 치기, 삶기, 지지기, 빚기 과정을 거쳐 떡을 만들 수 있다. 4. 식품가공의 작업장, 가공기계 · 설비 및 작업자의 개인위생을 유지하고 관리할 수 있다. 5. 식품가공에서 개인 안전, 화재 예방, 도구 및 장비안전 준수를 할 수 있다. 6. 고객의 건강한 간식 및 식사대용의 제품을 생산하기 위하여 재료의 준비와 제조과정을 거쳐 상품을 만들 수 있다.					

실기검정방법	작업형	시험시간	3시간 정도

실기 과목명	주요항목	세부항목	세세항목
떡제조 실무	1. 설기떡류 만들기	1. 설기떡류 재료 준비하기	1. 설기떡류 제조에 적합하도록 작업기준서에 따라 필요한 재료를 준비할 수 있다. 2. 생산량에 따라 배합표를 작성할 수 있다. 3. 설기떡류 작업기준서에 따라 부재료의 특성을 고려하여 전처리할 수 있다. 4. 떡의 특성에 따라 물에 불리는 시간을 조정하고 소금을 첨가할 수 있다.
		2. 설기떡류 재료 계량하기	1. 배합표에 따라 설기떡류 제품별로 필요한 각 재료를 계량할 수 있다. 2. 배합표에 따라 부재료 첨가에 따른 물의 양을 조절할 수 있다. 3. 배합표에 따라 생산량을 고려하여 소금 · 설탕의 양을 조절할 수 있다.
		3. 설기떡류 빻기	1. 배합표에 따라 생산량을 고려하여 빻을 양을 계산하고 소금과 물을 첨가하여 빻을 수 있다. 2. 설기떡류 작업기준서에 따라 제품의 특성에 맞춰 빻는 횟수를 조절할 수 있다. 3. 재료의 특성에 따라 체질의 횟수를 조절하고 체눈의 크기를 선택하여 사용할 수 있다.
		4. 설기떡류 찌기	1. 설기떡류 작업기준서에 따라 준비된 재료를 찜기에 넣고 골고루 펴서 안칠 수 있다. 2. 설기떡류 작업기준서에 따라 최종 포장단위를 고려하여 찜기에 안쳐진 설기떡류를 찌기 전에 얇은 칼을 이용하여 분할할 수 있다. 3. 설기떡류 작업기준서에 따라 제품특성을 고려하여 찌는 시간과 온도를 조절할 수 있다. 4. 설기떡류 작업기준서에 따라 제품특성을 고려하여 면포자기나 찜기의 뚜껑을 덮어 제품의 수분을 조절할 수 있다.

실기 과목명	주요항목	세부항목	세세항목
		5. 설기떡류 마무리하기	1. 설기떡류 작업기준서에 따라 제품 이동 시에도 모양이 흐트러지지 않도록 포장할 수 있다. 2. 설기떡류 작업기준서에 따라 제품 특징에 맞는 포장지를 선택하여 포장할 수 있다. 3. 설기떡류 작업기준서에 따라 제품의 품질 유지를 위해 표기사항을 표시하여 포장할 수 있다.
	2. 켜떡류 만들기	1. 켜떡류 재료 준비하기	1. 켜떡류 제조에 적합하도록 작업기준서에 따라 필요한 재료를 준비 할 수 있다. 2. 생산량에 따라 배합표를 작성할 수 있다. 3. 켜떡류 작업기준서에 따라 부재료의 특성을 고려하여 전처리할 수 있다. 4. 켜떡류의 종류와 특성에 따라 물에 불리는 시간을 조정하고 소금을 첨가할 수 있다.
		2. 켜떡류 재료 계량하기	1. 배합표에 따라 제품별로 필요한 각 재료를 계량할 수 있다. 2. 배합표에 따라 부재료 첨가에 따른 물의 양을 조절할 수 있다. 3. 배합표에 따라 생산량을 고려하여 소금·설탕의 양을 조절할 수 있다.
		3. 켜떡류 빻기	1. 배합표에 따라 생산량을 고려하여 빻을 양을 계산하고 소금과 물을 첨가하여 빻을 수 있다. 2. 켜떡류 작업기준서에 따라 제품의 특성에 맞춰 빻는 횟수를 조절할 수 있다. 3. 재료의 특성에 따라 체질의 횟수를 조절하고 체눈의 크기를 선택하 여 사용할 수 있다.
		4. 켜떡류 고물 준비하기	1. 켜떡류 작업기준서에 따라 사용될 고물 재료를 준비할 수 있다.
		5. 켜떡류 켜 안치기	1. 켜떡류 작업기준서에 따라 빻은 재료와 고물을 안칠 켜의 수만큼 분할할 수 있다. 2. 켜떡류 작업기준서에 따라 찜기 밑에 시루포를 깔고 고물을 뿌릴 수 있다. 3. 켜떡류 작업기준서에 따라 뿌린 고물 위에 준비된 주재료를 뿌릴 수 있다. 4. 켜떡류 작업기준서에 따라 켜만큼 번갈아 가며 찜기에 켜켜이 채울 수 있다. 5. 켜떡류 작업기준서에 따라 찜기에 안칠 수 있다.
		6. 켜떡류 찌기	1. 준비된 재료를 켜떡류 작업기준서에 따라 찜기에 넣고 골고루 펴서 안칠 수 있다. 2. 켜떡류 작업기준서에 따라 최종 포장단위를 고려하여 찜기에 안쳐 진 멥쌀 켜떡류는 찌기 전에 얇은 칼을 이용하여 분할하고, 찹쌀이 들어가면 찐 후 분할할 수 있다. 3. 켜떡류 작업기준서에 따라 제품특성을 고려하여 찌는 시간과 온도 를 조절할 수 있다. 4. 켜떡류 작업기준서에 따라 제품특성을 고려하여 면보자기를 덮어 제품의 수분을 조절할 수 있다.

실기 과목명	주요항목	세부항목	세세항목
		7. 켜떡류 마무리하기	1. 켜떡류 작업기준서에 따라 제품 이동 시에도 모양이 흐트러지지 않도록 포장할 수 있다. 2. 켜떡류 작업기준서에 따라 제품 특징에 맞는 포장지를 선택하여 포장할 수 있다. 3. 켜떡류 작업기준서에 따라 제품의 품질 유지를 위해 표기사항을 표시하여 포장할 수 있다.
	3. 빚어 찌는 떡류 만들기	1. 빚어 찌는 떡류 재료 준비하기	1. 빚어 찌는 떡류 제조에 적합하도록 작업기준서에 따라 필요한 재료를 준비할 수 있다. 2. 생산량에 따라 배합표를 작성할 수 있다. 3. 빚어 찌는 떡류 작업기준서에 따라 부재료의 특성을 고려하여 전처리할 수 있다. 4. 빚어 찌는 떡의 종류와 특성에 따라 물에 불리는 시간을 조정하고 소금을 첨가할 수 있다.
		2. 빚어 찌는 떡류 재료 계량하기	1. 배합표에 따라 제품별로 필요한 각 재료를 계량할 수 있다. 2. 배합표에 따라 겉피와 속고물의 수분 평형을 고려하여 첨가되는 물의 양을 조절할 수 있다. 3. 배합표에 따라 생산량을 고려하여 소금·설탕의 양을 조절할 수 있다.
		3. 빚어 찌는 떡류 빻기	1. 배합표에 따라 생산량을 고려하여 빻을 양을 계산하고 소금과 물을 첨가하여 빻을 수 있다. 2. 빚어 찌는 떡류 작업기준서에 따라 제품의 특성에 맞춰 빻는 횟수를 조절할 수 있다. 3. 배합표에 따라 겉피에 첨가되는 부재료의 특성을 고려하여 전처리한 재료를 사용할 수 있다.
		4. 빚어 찌는 떡류 반죽하기	1. 빚어 찌는 떡류 작업기준서에 따라 익반죽 또는 생반죽할 수 있다. 2. 배합표에 따라 물의 양을 조절하여 반죽할 수 있다. 3. 배합표에 따라 속고물과 겉피의 수분비율을 조절하여 반죽할 수 있다.
		5. 빚어 찌는 떡류 빚기	1. 빚어 찌는 떡류 작업기준서에 따라 빚어 찌는 떡류의 크기와 모양을 조절하여 빚을 수 있다. 2. 빚어 찌는 떡류 작업기준서에 따라 겉편과 속편의 양을 조절하여 빚을 수 있다. 3. 빚어 찌는 떡류 작업기준서에 따라 부재료의 특성을 살려 색을 조화롭게 빚어낼 수 있다.
		6. 빚어 찌는 떡류 찌기	1. 빚어 찌는 떡류 작업기준서에 따라 제품특성을 고려하여 찌는 시간과 온도를 조절할 수 있다. 2. 빚어 찌는 떡류 작업기준서에 따라 제품특성을 고려하여 면보자기를 덮어 제품의 수분을 조절할 수 있다. 3. 빚어 찌는 떡류 작업기준서에 따라 풍미를 높이기 위해 부재료를 첨가할 수 있다. 4. 빚어 찌는 떡류 작업기준서에 따라 제품이 서로 붙지 않게 간격을 조절하여 찔 수 있다.

실기 과목명	주요항목	세부항목	세세항목
		7. 빚어 찌는 떡류 마무리하기	1. 빚어 찌는 떡류 작업기준서에 따라 찐 후 냉수에 빨리 식힌다. 2. 빚어 찌는 떡류 작업기준서에 따라 물기가 제거되면 참기름을 바를 수 있다. 3. 빚어 찌는 떡류 작업기준서에 따라 제품의 품질 유지를 위해 표기 사항을 표시하여 포장할 수 있다.
	4. 빚어 삶는 떡류 만들기	1. 빚어 삶는 떡류 재료 준비하기	1. 빚어 삶는 떡류 제조에 적합하도록 작업기준서에 따라 필요한 재료를 준비할 수 있다. 2. 생산량에 따라 배합표를 작성할 수 있다. 3. 빚어 삶는 떡류 작업기준서에 따라 부재료의 특성을 고려하여 전처리할 수 있다. 4. 빚어 삶는 떡의 종류와 특성에 따라 물에 불리는 시간을 조정하고 소금을 첨가할 수 있다.
		2. 빚어 삶는 떡류 재료 계량하기	1. 배합표에 따라 제품별로 필요한 각 재료를 계량할 수 있다. 2. 배합표에 따라 떡류의 수분 평형을 고려하여 첨가되는 물의 양을 조절할 수 있다. 3. 배합표에 따라 생산량을 고려하여 소금의 양을 조절할 수 있다.
		3. 빚어 삶는 떡류 빻기	1. 배합표에 따라 생산량을 고려하여 빻을 양을 계산하고 소금과 물을 첨가하여 빻을 수 있다. 2. 빚어 삶는 떡류 작업기준서에 따라 제품의 특성에 맞춰 빻는 횟수를 조절할 수 있다. 3. 배합표에 따라 빚어 삶는 떡류에 첨가되는 부재의 특성을 고려하여 전처리한 재료를 사용할 수 있다.
		4. 빚어 삶는 떡류 반죽하기	1. 빚어 삶는 떡류 작업기준서에 따라 익반죽 또는 생반죽할 수 있다. 2. 배합표에 따라 물의 양을 조절하여 반죽할 수 있다. 3. 배합표에 따라 빚어 삶는 떡류의 수분비율을 조절하여 반죽할 수 있다.
		5. 빚어 삶는 떡류 빚기	1. 빚어 삶는 떡류 작업기준서에 따라 빚어 삶는 떡류의 크기와 모양을 조절하여 빚을 수 있다. 2. 빚어 삶는 떡류 작업기준서에 따라 부재료의 특성을 살려 빚어낼 수 있다.
		6. 빚어 삶는 떡류 삶기	1. 빚어 삶는 떡류 작업기준서에 따라 제품특성을 고려하여 삶는 시간과 온도를 조절할 수 있다. 2. 빚어 삶는 떡류 작업기준서에 따라 풍미를 높이기 위해 부재료를 첨가할 수 있다. 3. 빚어 삶는 떡류 작업기준서에 따라 제품이 서로 붙지 않게 저어가며 삶을 수 있다.
		7. 빚어 삶는 떡류 마무리하기	1. 작업기준서에 따라 빚은 떡을 삶은 후 냉수에 빨리 식힐 수 있다. 2. 빚어 삶는 떡류 작업기준서에 따라 물기를 제거하여 고물을 묻힐 수 있다. 3. 빚어 삶는 떡류 작업기준서에 따라 제품의 품질 유지를 위해 표기 사항을 표시하여 포장할 수 있다.

실기 과목명	주요항목	세부항목	세세항목
	5. 약밥 만들기	1. 약밥 재료 준비하기	1. 약밥 만들기 제조에 적합하도록 작업기준서에 따라 필요한 재료를 준비할 수 있다. 2. 생산량에 따라 배합표를 작성할 수 있다. 3. 배합표에 따라 부재료를 필요한 양만큼 준비할 수 있다. 4. 약밥 만들기 작업기준서에 따라 부재료의 특성을 고려하여 전처리 할 수 있다. 5. 약밥 만들기 작업기준서에 따라 찹쌀을 물에 불린 후 건져 물기를 빼 고 소금을 첨가하여 찜기에 쪄서 준비할 수 있다. 6. 배합표에 따라 황설탕, 계핏가루, 진간장, 대추 삶은 물(대추고), 캐러멜 소스, 꿀, 참기름을 준비할 수 있다.
		2. 약밥 재료 계량하기	1. 배합표에 따라 쪄서 준비한 재료를 계량할 수 있다. 2. 배합표에 따라 전처리된 부재료를 계량할 수 있다. 3. 배합표에 따라 황설탕, 계핏가루, 진간장, 대추 삶은 물(대추고), 캐러멜 소스, 꿀, 참기름을 계량할 수 있다.
		3. 약밥 혼합하기	1. 약밥 만들기 작업기준서에 따라 찹쌀을 찔 수 있다. 2. 약밥 만들기 작업기준서에 따라 계량된 황설탕, 계핏가루, 진간장, 대추 삶은 물(대추고), 캐러멜 소스, 꿀, 참기름을 넣어 혼합할 수 있다. 3. 약밥 만들기 작업기준서에 따라 혼합한 재료를 맛과 색이 잘 스며 들도록 관리할 수 있다.
		4. 약밥 찌기	1. 약밥 만들기 작업기준서에 따라 혼합된 재료를 찜기에 넣고 골고루 펴서 안칠 수 있다. 2. 약밥 만들기 작업기준서에 따라 제품특성을 고려하여 찌는 시간과 온도를 조절할 수 있다. 3. 약밥 만들기 작업기준서에 따라 제품특성을 고려하여 면보자기를 덮어 제품의 수분을 조절할 수 있다.
		5. 약밥 마무리하기	1. 약밥 만들기 작업기준서에 따라 완성된 약밥의 크기와 모양을 조절 하여 포장할 수 있다. 2. 약밥 만들기 작업기준서에 따라 제품 특징에 맞는 포장지를 선택하 여 포장할 수 있다. 3. 약밥 만들기 작업기준서에 따라 제품의 품질 유지를 위해 표기사항 을 표시하여 포장할 수 있다.
	6. 인절미 만들기	1. 인절미 재료 준비하기	1. 인절미 제조에 적합하도록 작업기준서에 따라 필요한 찹쌀과 고물 을 준비할 수 있다. 2. 생산량에 따라 배합표를 작성할 수 있다. 3. 인절미 작업기준서에 따라 부재료의 특성을 고려하여 전처리할 수 있다. 4. 인절미의 특성에 따라 물에 불리는 시간을 조정하고 소금을 가할 수 있다.
		2. 인절미 재료 계량하기	1. 배합표에 따라 제품별로 필요한 각 재료를 계량할 수 있다. 2. 배합표에 따라 부재료 첨가에 따른 물의 양을 조절할 수 있다. 3. 배합표에 따라 생산량을 고려하여 소금의 양을 조절할 수 있다. 4. 배합표에 따라 인절미에 첨가되는 전처리된 부재료를 계량하여 사 용할 수 있다.

실기 과목명	주요항목	세부항목	세세항목
		3. 인절미 빻기	1. 배합표에 따라 생산량을 고려하여 빻을 재료의 양을 계산하고 소금 과 물을 첨가하여 빻을 수 있다. 2. 인절미 작업기준서에 따라 제품의 특성에 맞춰 빻는 횟수를 조절할 수 있다. 3. 제품의 특성에 따라 1, 2차 빻기 작업 수행 시 분쇄기의 롤 간격을 조절할 수 있다. 4. 인절미 작업기준서에 따라 불린 쌀 대신 전처리 제조된 재료를 사용할 경우 불리는 공정과 빻기의 공정을 생략한다.
		4. 인절미 찌기	1. 인절미류 작업기준서에 따라 찹쌀가루를 뭉쳐서 안칠 수 있다. 2. 인절미류 작업기준서에 따라 제품특성을 고려하여 찌는 온도와 시 간을 조절하여 찔 수 있다.
		5. 인절미 성형하기	1. 인절미류 작업기준서에 따라 익힌 떡 반죽을 쳐서 물성을 조절할 수 있다. 2. 인절미류 작업기준서에 따라 제품을 식힐 수 있다. 3. 인절미류 작업기준서에 따라 제품특성에 따라 절단할 수 있다.
		6. 인절미 마무리하기	1. 인절미류 작업기준서에 따라 고물을 묻힐 수 있다. 2. 인절미류 작업기준서에 따라 포장할 수 있다. 3. 인절미류 작업기준서에 따라 표기사항을 표시할 수 있다.
	7. 고물류 만들기	1. 찌는 고물류 만들기	1. 작업기준서와 생산량에 따라 배합표를 작성할 수 있다. 2. 작업기준서에 따라 필요한 재료를 준비할 수 있다. 3. 재료의 특성을 고려하여 전처리할 수 있다. 4. 전처리된 재료를 찜기에 넣어 찔 수 있다. 5. 작업기준서에 따라 제품특성을 고려하여 찌는 시간과 온도를 조절 할 수 있다. 6. 찐 고물을 식혀 빻은 후 고물을 소분하여 냉장이나 냉동에 보관할 수 있다.
		2. 삶는 고물류 만들기	1. 작업기준서와 생산량에 따라 배합표를 작성할 수 있다. 2. 작업기준서에 따라 필요한 재료를 준비할 수 있다. 3. 재료의 특성을 고려하여 전처리할 수 있다. 4. 전처리된 재료를 삶는 솥에 넣어 삶을 수 있다. 5. 작업기준서에 따라 제품특성을 고려하여 삶는 시간과 온도를 조절 할 수 있다. 6. 삶은 고물을 식혀 빻은 후 고물을 소분하여 냉장이나 냉동에 보관 할 수 있다.
		3. 볶는 고물류 만들기	1. 작업기준서와 생산량에 따라 배합표를 작성할 수 있다. 2. 작업기준서에 따라 필요한 재료를 준비할 수 있다. 3. 재료의 특성을 고려하여 전처리할 수 있다. 4. 전처리하다 재료를 볶음 솥에 넣어 볶을 수 있다. 5. 작업기준서에 따라 제품특성을 고려하여 볶는 시간과 온도를 조절 할 수 있다. 6. 볶은 고물을 식혀 빻은 후 고물을 소분하여 냉장이나 냉동에 보관 할 수 있다.

실기 과목명	주요항목	세부항목	세세항목
	8. 가래떡류 만들기	1. 가래떡류 재료 준비하기	1. 작업기준서와 생산량을 고려하여 배합표를 작성할 수 있다. 2. 배합표 따라 원 · 부재료를 준비할 수 있다. 3. 작업기준서에 따라 부재료를 전처리할 수 있다. 4. 가래떡류의 특성에 따라 물에 불리는 시간을 조정할 수 있다.
		2. 가래떡류 재료 계량하기	1. 배합표에 따라 제품별로 재료를 계량할 수 있다. 2. 배합표에 따라 부재료 첨가에 따른 물의 양을 조절할 수 있다. 3. 배합표에 따라 멥쌀에 소금을 첨가할 수 있다.
		3. 가래떡류 빻기	1. 작업기준서에 따라 원 · 부재료의 빻는 횟수를 조절할 수 있다. 2. 제품의 특성에 따라 1, 2차 빻기 작업 수행 시 분쇄기 롤 간격을 조절할 수 있다. 3. 빻은 멥쌀가루의 입도, 색상, 냄새를 확인하여 분쇄작업을 완료할 수 있다. 4. 빻은 작업이 완료된 원재료에 부재료를 혼합할 수 있다.
		4. 가래떡류 찌기	1. 작업기준서에 따라 준비된 재료를 찜기에 넣고 골고루 펴서 안칠 수 있다. 2. 작업기준서에 따라 찌는 시간과 온도를 조절할 수 있다. 3. 작업기준서에 따라 찜기 뚜껑을 덮어 제품의 수분을 조절할 수 있다.
		5. 가래떡류 성형하기	1. 작업기준서에 따라 성형노즐을 선택할 수 있다. 2. 작업기준서에 따라 쪄진 떡을 제병기에 넣어 성형할 수 있다. 3. 작업기준서에 따라 제병기에서 나온 가래떡을 냉각시킬 수 있다. 4. 작업기준서에 따라 냉각된 가래떡을 용도별로 절단할 수 있다.
		6. 가래떡류 마무리하기	1. 작업기준서에 따라 제품 특징에 맞는 포장지를 선택할 수 있다. 2. 작업기준서에 따라 절단한 가래떡을 용도별로 저온 건조 또는 냉동할 수 있다. 3. 작업기준서에 따라 제품별로 길이, 크기를 조절할 수 있다. 4. 작업기준서에 따라 제품별로 알코올 처리를 할 수 있다. 5. 작업기준서에 따라 제품별로 건조 수분을 조절할 수 있다. 6. 작업기준서에 따라 포장 표시면에 표기사항을 표시할 수 있다.
	9. 찌는 찰떡류 만들기	1. 찌는 찰떡류 재료 준비하기	1. 작업기준서와 생산량을 고려하여 배합표를 작성할 수 있다. 2. 배합표에 따라 원 · 부재료를 준비할 수 있다. 3. 부재료의 특성을 고려하여 전처리할 수 있다. 4. 찌는 찰떡류의 특성에 따라 물에 불리는 시간을 조정할 수 있다.
		2. 찌는 찰떡류 재료 계량하기	1. 배합표에 따라 원 · 부재료를 계량할 수 있다. 2. 배합표에 따라 물의 양을 조절할 수 있다. 3. 배합표에 따라 찹쌀에 소금을 첨가할 수 있다.
		3. 찌는 찰떡류 빻기	1. 작업기준서에 따라 원 · 부재료의 빻는 횟수를 조절할 수 있다. 2. 1, 2차 빻기 작업 수행 시 분쇄기의 롤 간격을 조절할 수 있다. 3. 빻기 된 찹쌀가루의 입도, 색상, 냄새를 확인하여 빻는 작업을 완료할 수 있다. 4. 빻는 작업이 완료된 원재료에 부재료를 혼합할 수 있다.

실기 과목명	주요항목	세부항목	세세항목
		4. 찌는 찰떡류 찌기	1. 작업기준서에 따라 스팀이 잘 통과될 수 있도록 혼합된 원부재료를 시루에 담을 수 있다. 2. 작업기준서에 따라 찌는 시간과 온도를 조절할 수 있다. 3. 작업기준서에 따라 시루 뚜껑을 덮어 제품의 수분을 조절할 수 있다.
		5. 찌는 찰떡류 성형하기	1. 찐 재료에 대하여 물성이 적합한지 확인할 수 있다. 2. 작업기준서에 따라 찐 재료를 식힐 수 있다. 3. 작업기준서에 따라 제품의 종류별로 절단할 수 있다.
		6. 찌는 찰떡류 마무리하기	1. 노화 방지를 위하여 제품의 특성에 적합한 포장지를 선택할 수 있다. 2. 작업기준서에 따라 제품을 포장할 수 있다. 3. 작업기준서에 따라 포장 표시면에 표기사항을 표시할 수 있다. 4. 제품의 보관 온도에 따라 제품 보관방법을 적용할 수 있다.
	10. 지지는 떡류 만들기	1. 지지는 떡류 재료 준비하기	1. 지지는 떡류 작업기준서에 따라 재료를 준비할 수 있다. 2. 지지는 떡류 작업기준서에 따라 재료를 계량할 수 있다 3. 지지는 떡류 작업기준서에 따라 찹쌀을 불릴 수 있다. 4. 지지는 떡류 작업기준서에 따라 부재료의 특성을 고려하여 전처리 할 수 있다.
		2. 지지는 떡류 빻기	1. 지지는 떡류 작업기준서에 따라 반죽에 첨가되는 부재료의 특성에 따라 전처리한 재료를 사용할 수 있다. 2. 지지는 떡류 작업기준서에 따라 제품의 특성에 맞게 빻는 횟수를 조절하여 빻을 수 있다. 3. 재료의 특성에 따라 체눈의 크기와 체질의 횟수를 조절할 수 있다.
		3. 지지는 떡류 지지기	1. 지지는 떡류 작업기준서에 따라 익반죽할 수 있다. 2. 지지는 떡류 작업기준서에 따라 크기와 모양에 맞게 성형할 수 있다. 3. 지지는 떡류 제품 특성에 따라 지진 후 속고물을 넣을 수 있다. 4. 지지는 떡류 제품 특성에 따라 고명으로 장식하고 즙청할 수 있다.
		4. 지지는 떡류 마무리하기	1. 지지는 떡류 작업기준서에 따라 포장할 수 있다. 2. 지지는 떡류 작업기준서에 따라 표기사항을 표시할 수 있다.
	11. 위생 관리	1. 개인위생 관리하기	1. 위생관리 지침에 따라 두발, 손톱 등 신체 청결을 유지할 수 있다. 2. 위생관리 지침에 따라 손을 자주 씻고 건조하게 하여 미생물의 오 염을 예방할 수 있다. 3. 위생관리 지침에 따라 위생복, 위생모, 작업화 등 개인위생을 관리 할 수 있다. 4. 위생관리 지침에 따라 질병 등 스스로의 건강상태를 관리하고, 보 고할 수 있다. 5. 위생관리 지침에 따라 근무 중의 흡연, 음주, 취식 등에 대한 작업 장 근무수칙을 준수할 수 있다.
		2. 가공기계 · 설비 위생 관리하기	1. 위생관리 지침에 따라 가공기계 · 설비위생 관리 업무를 준비, 수행 할 수 있다. 2. 위생관리 지침에 따라 작업장 내에서 사용하는 도구의 청결을 유지 할 수 있다. 3. 위생관리 지침에 따라 작업장 기계 · 설비들의 위생을 점검하고, 관리할 수 있다.

실기 과목명	주요항목	세부항목	세세항목
			4. 위생관리 지침에 따라 세제, 소독제 등의 사용 시, 약품의 잔류 가능성을 예방할 수 있다. 5. 위생관리 지침에 따라 필요시 가공기계 · 설비 위생에 관한 사항을 책임자와 협의할 수 있다.
		3. 작업장 위생 관리하기	1. 위생관리 지침에 따라 작업장 위생 관리 업무를 준비, 수행할 수 있다. 2. 위생관리 지침에 따라 작업장 청소 및 소독 매뉴얼을 작성할 수 있다. 3. 위생관리 지침에 따라 HACCP관리 매뉴얼을 운영할 수 있다. 4. 위생관리 지침에 따라 세제, 소독제 등의 사용 시, 약품의 잔류 가능성을 예방할 수 있다. 5. 위생관리 지침에 따라 소독, 방충, 방서 활동을 준비, 수행할 수 있다. 6. 위생관리 지침에 따라 필요시 작업장 위생에 관한 사항을 책임자와 협의할 수 있다.
	12. 안전 관리	1. 개인 안전 준수하기	1. 안전사고 예방지침에 따라 도구 및 장비 등의 정리 · 정돈을 수시로 할 수 있다. 2. 안전사고 예방지침에 따라 위험 · 위해 요소 및 상황을 전파할 수 있다. 3. 안전사고 예방지침에 따라 지정된 안전 장구류를 착용하여 부상을 예방할 수 있다. 4. 안전사고 예방지침에 따라 중량물 취급, 반복 작업에 따른 부상 및 질환을 예방할 수 있다. 5. 안전사고 예방지침에 따라 부상이 발생하였을 경우 응급처치(지혈, 소독 등)를 수행할 수 있다. 6. 안전사고 예방지침에 따라 부상 발생 시 책임자에게 즉각 보고하고 지시를 준수할 수 있다.
		2. 화재 예방하기	1. 화재예방지침에 따라 LPG, LNG 등 연료용 가스를 안전하게 취급할 수 있다. 2. 화재예방지침에 따라 전열 기구 및 전선 배치를 안전하게 취급할 수 있다. 3. 화재예방지침에 따라 화재 발생 시 소화기 등을 사용하여 초기에 대응할 수 있다. 4. 화재예방지침에 따라 식품가공용 유지류의 취급 부주의에 따른 화상, 화재를 예방할 수 있다. 5. 화재예방지침에 따라 퇴근 시에는 전기 · 가스 시설의 차단 및 점검을 의무화할 수 있다.
		3. 도구 · 장비안전 준수하기	1. 도구 및 장비 안전지침에 따라 절단 및 협착 위험 장비류 취급 시 주의사항을 준수할 수 있다. 2. 도구 및 장비 안전지침에 따라 화상 위험 장비류 취급 시 주의사항을 준수할 수 있다. 3. 도구 및 장비 안전지침에 따라 적정한 수준의 조명과 환기를 유지할 수 있다. 4. 도구 및 장비 안전지침에 따라 작업장 내의 이물질, 습기를 제거하여, 미끄럼 및 오염을 방지할 수 있다. 5. 도구 및 장비 안전지침에 따라 설비의 고장, 문제점을 책임자와 협의, 조치할 수 있다.

떡 제 조 기 능 사   필 기   &   실 기

떡제조기능사 필기

01

이론편

• 떡의 역사 • 떡의 종류 • 떡의 제조 원리 • 전분의 호화와 노화 • 떡에 쓰이는 재료
• 떡을 만드는 도구 • 떡의 쓰임새 • 음식과 떡의 풍습 • 옛 문헌과 떡 • 지역 향토떡

떡제조기능사
기초이론

1. 떡의 역사

1) 삼국시대 이전

떡은 곡식가루를 시루에 찌거나 삶아 모양을 빚어 만든 음식으로 우리나라 전통음식 중에 하나이며, 삼국이 성립되기 이전 부족국가 시대부터 떡을 만들어 먹은 것으로 추정하고 있다. 이 시대에 떡의 주재료가 되는 곡물이 생산되었고 우리 조상들이 밥을 짓고 죽을 쑤다가 자연스럽게 떡을 만들게 된 것이 아닌가 생각한다. 그 이유는 떡을 만드는 데 필요한 갈판과 갈돌, 시루가 당시의 유물로 출토되었기 때문이다.

떡은 밥 짓기가 일반화되기 전에 상용음식의 하나였다가 밥 짓기가 개발된 이후부터는 명절음식과 의례음식의 하나가 되었다.

떡의 어원은 중국 한자에서 찾아볼 수 있으며, 한대(漢代) 이전에는 '이(餌)'라 표기하였다. 이 당시에는 밀가루가 보급되기 전이므로 떡의 재료는 쌀, 기장, 조, 콩 등이었다. 밀가루가 보급된 한대 이후에는 떡의 표기가 '병(餠)'으로 바뀌었는데 즉 떡의 주재료가 쌀에서 밀가루로 바뀐 것에 따른 것이다. 현재 우리나라에서 만드는 떡은 쌀을 위주로 만들므로 '이(餌)'라 표기해야 마땅하나, 이러한 구분 없이 떡 전체를 가리켜 병이류라 하고 있으며, '병(餠)'이라는 표현을 주로 쓰고 있다.

2) 삼국시대 및 통일신라시대

삼국시대를 거쳐 통일신라시대에 농경이 확립되고 벼농사 중심의 농경경제를 이룬 시기이다. 이때 곡물의 생산량이 증대되면서 쌀을 주재료로 하는 떡과 곡물을 이용한 떡이 더욱 다양해졌으며 더불어 삼국시대의 다른 여러 고분에서도 시루가 출토되기도 했고『삼국사기』,『삼국유사』등의 문헌에도 떡에 관한 이야기가 유달리 많아 당시의 식생활에서 떡이 차지했던 비중을 짐작하게 한다.

『삼국사기』신라본기 유리왕 원년(298년)조에는 유리와 탈해가 서로 왕위를 사양하자 성스럽고 지혜 있는 사람이 이의 수효가 많다고 여겨 잇자국이 선명하게 남을 수 있는 인절미나 절편과 같은 친떡을 씹어서 잇금이 많은 유리를 왕으로 삼았다는 기록이 있다.

또 자비왕대(458~479년) 사람인 백결선생(百結先生)이 가난하여 세모(일 년 열두 달 가운데 가장 끝에 위치한 12월)에 떡을 해먹지 못하자 거문고로 떡방아 소리를 내어 부인을 위로한 이야기가 나온다. 백결선생이 세모(歲暮)에 떡을 해먹지 못함을 안타깝게 여겼다는 기록은 연말에 떡을 해먹는 절식풍속이 있었음을 보여준다.

『삼국유사』효소왕대(692~702년) 죽지랑조에는 설병(舌餠)이라는 떡이 나오는데 설(舌)이 '혀'를 의미하므로 혀의 모양처럼 생긴 인절미나 절편 혹은 그 음이 유사한 설병(雪餠), 즉 설기떡이 아니었을까 추측할 수 있다.

『가락국기』에 "조정의 뜻을 받들어 세시마다 술, 감주, 떡, 차, 과실 등여러 가지를 갖추고 제사를 지냈다"라는 기록으로 보아 떡이 제수로 사용되었음을 알 수 있다.

3) 고려시대

삼국시대를 거쳐 고려시대에 이르러 불교문화는 고려인들의 생활에 많은 영향을 미치게 되었는데 음식 또한 예외가 아니었다.

육식을 멀리하고 차(茶)를 즐기는 음다(飮茶) 풍속의 유행으로 과정류와 함께 떡이 발전하는 계기가 되었으며, 이와 더불어 권농정책에 따른 양곡의 증산은 경제적 여유를 가져와 떡문화 발전을 촉진시키기도 했다.

이 시기에는 떡의 종류와 조리법이 다양하게 개발되기도 하였는데, 여러 기록에 등장하는 떡의 종류를 살펴보자.

중국의『거가필용』에 "고려율고"라는 떡이 소개되고, 한치윤의『해동역사』에도 고려인이 율고(栗餻)를 잘 만든다고 칭송한 견문이 소개되고 있다. 율고란 밤가루와 찹쌀가루를 섞어 꿀물에 내려 시루에 찐 일종의 밤설기이다.

이수광의 저서『지봉유설』에는 "상사일(上巳日)에 청애병(靑艾餠)을 해먹는다"고 하였다. 어린 쑥잎에 쌀가루를 섞어 쪄서 만들었으니 오늘날 쑥설기류인 셈이다. 그 외에도 송기떡이나 산삼설기 등이 등장하여 쌀가루만 쪄서 만든 설기떡이 주를 이루었지만, 이후부터는 찹쌀가루에 쑥과 밤 등을 섞어 만든 떡의 종류가 훨씬 다양해졌다.

이색(李穡)의『목은집』을 보면 고려시대에는 단자류인 수단을 만들어 먹었음을 알 수 있다. 수단(水團)은 쌀가루나 밀가루를 반죽하여 경단과 같이 물에 삶아 냉수에 헹구어 물기를 없애고 꿀물에 실백을 띄운 것을 말하며 또 수수가루를 반죽하여 기름에 지져 팥소를 사이에 넣고 부친 수수전병도 기록되어 있다.

불교문화는 고려인의 음식문화에 많은 영향을 주었는데 그중 밀가루에 술을 넣고 발효시킨 다음 거피팥소를 넣고 찐 증편류인 상화(霜花)가 도입되었다.

고려시대에는 떡의 종류가 다양해졌고 떡이 서민들의 일상생활에 밀접하게 자리 잡은 시기라고 할 수 있으며,『고려사』에는 상사일에 청애병을, 유두일에 수단을 해먹었다는 기록은 떡이 절식(節食) 음식으로 점차 자리 잡아 갔음을 말해준다.

4) 조선시대

조선시대에는 농업기술과 조리가공법의 발달로 식생활 문화가 전반적으로 향상된 시기였으며 떡의 종류와 맛도 더욱 다양해졌다고 할 수 있다. 처음에는 떡을 단순히 곡물을 쪄서 익혀 만들었는데 다른 곡물과의 배합 및 과실, 꽃, 야생초, 약재 등의 첨가로 빛깔, 모양, 맛에 변화를 주어 사치스럽기까지 했다.

조선 후기의 각종 요리 관련서에는 다양한 떡의 종류가 수록되어 있어 이러한 변화를 짐작하게 하였다. 또한 조선시대에는 관혼상제의 풍습이 일반화되어 각종 의례와 잔치, 무의(巫義) 등에 떡이 필수적으로 쓰였으며, 고려시대에 이어 명절식 및 시절식으로 쓰임새도 증가하였다.

이때 주로 만들어진 설기떡류에는 기존의 백설기, 밤설기, 쑥설기, 감설기 외에 석탄병, 잡과 꿀설기, 석이병, 무떡, 송기떡, 승검초설기, 상자병 등이 등장하였다.

시루떡 또한 팥시루떡, 콩시루떡 외에 무시루떡, 녹두편, 깨찰편, 승검초편, 호박편, 두텁떡, 혼돈병 등이 나타났다. 이 중 두텁떡은 찹쌀가루를 쪄서 소에 유자청 등을 박고 팥가루 고물을 볶아 찐 것으로 조리법이 한층 발달하여 오늘날까지 전승되는 최고의 떡이다.

찌는 떡뿐만 아니라 치는 떡도 다양하게 발전하였는데, 인절미는 단순히 쪄서 치는 형태였으나 점차 쑥, 대추, 당귀잎을 넣고 쳐서 색다른 맛을 음미하게 되었다.

조선시대에 이르러 소를 넣고 반달 모양으로 빚은 개피떡이 문헌에 등장하여『음식방문』(1800년대 중엽)에서 계피떡은 "흰떡치고 푸른 것은 쑥 넣어 절편 쳐서 만들되 팥거피 고물하여 소 넣어 탕기 뚜껑 같은 것으로 떠내고"라고 하여 오늘날과 매우 유사했음을 알 수 있다.

전병류도 차수수 전병에서 더덕전병, 토란병, 유병 등으로 재료의 사용이 자유로워졌으며『음식디미방』(1670년경)에는 '전화법'이라 하여 두견화(진달래), 장미꽃 등을 사용하여 꽃을 찹쌀가루에 섞어 지져내는 떡이 소개되었는데 만드는 방법이 지금과 거의 같다. 오늘날 화전은 찹쌀가루를 익반죽하여 둥글납작하게 빚어 기름에 앞뒤 지져낸 다음 꽃을 고명으로 사용하여 웃기떡으로 사용한다.

경단 및 단자류는 조선시대에 새롭게 만들어진 떡의 종류이다. 경단류는『요록』(1680년경)에 '경단병'으로 처음 등장하였고, 단자류는『증보산림경제』에 '향애(香艾)단자'로 기록된 것이 최초이다. 이후 밤단자, 대추단자, 승검초단자, 유자단자 등 종류가 다양해졌으며 이외에도 송편이 만들어져 추석에 즐겨 먹는 명절 음식으로 발달하게 되었다.

5) 근대 이후

『조선무쌍신식요리제법』(1943년)에서는 떡의 종류 중 찌는 떡이 37종, 치는 떡이 19종, 삶는 떡이 7종, 지지는 떡이 16종, 떡 곰팡이 안 나는 법 등으로 약 80여 종의 다양한 떡이 소개되는데 토란을 말려서 가루내어 찌거나 송편으로 만드는 토련병, 백합떡, 여러 가지 약재를 섞어 만든 떡들이 소개되었다.

19세기 말 생활환경의 변화로 밥 대용식으로 우리 민족의 사랑을 받아왔던 간식이자 별식인 떡은 서양에서 들어온 빵에 의해 점차 식단에서 밀려나게 되었다. 또한 생활환경의 변화로 떡을 집에서 만들기보다는 떡집이나 떡 방앗간 같은 전문 업소에 맡기는 경우가 대부분이다. 이에 따라 전문 업소에서 생산되는 몇 가지 떡으로 축소되면서 다양하게 만들어지던 떡의 종류가 점차 줄어들었다.

특히 인절미는 찰밥을 지어 쳐서 만드는 법과 찹쌀가루를 찐 뒤 쳐서 만드는 두 가지 방법이 함께 이용되어 왔으나 근대 이후에는 간편한 후자 방법이 주를 이루게 되었다.

그러나 떡은 중요한 행사나 돌잔치, 제사, 의례용으로 빠지지 않고 오르는 필수적인 음식으로 지속적으로 사용되어 왔다.

6) 현대

떡은 한국인에게 친숙한 음식이면서도 실생활에서 멀어진 음식이 되어버렸다. 급격한 경제성장과 함께 여성들의 사회활동이 늘어남과 동시에 식문화 또한 발전되면서 특히 떡의 경우 떡을 만드는 기계설비의 등장과 함께 다양한 식재료의 확대로 우리 고유의 떡이 변신 중에 있다.

떡집이 현대화되고 떡 프랜차이즈 업체와 떡 카페 등이 생기면서 건강한 먹을거리에 대한 요구가 높아져 떡에 관한 건강식이 관심을 받게 되어 떡 케이크, 떡 샌드위치, 영양떡 등 다양한 형태의 떡과 떡 공예가 진행되고 있다.

몇 천 년 내려온 떡 문화가 우리에게 있지만 나이 든 분들이 찾는 전유물이나 잔치 때나 찾는 음식으로 자리매김되는 사이에 서양의 빵 문화는 우리 생활 깊숙이 침투하고 있다. 떡 또한 양과자나 화과자에 못지않게 예쁘고 고상하게 만들어 즐길 수 있는데 잊고 지내는 것 같다.

이제 떡도 계량단위, 도구, 포장을 표준화하고 현대화하여 언제라도 쉽게 만들고 케이크처럼 선물할 수 있고 차와 같이 먹을 수 있게 지금보다 더 대중화되어야겠다.

• 떡의 분류

종류	명칭	내용
이(餌)	시루떡	쌀가루를 찐 것
자(餈)	인절미	가루를 하지 않고 쌀을 쪄서 치는 것
유병(油餠)	화전	기름에 지진 것
당궤(餹饋)	꿀떡	꿀에 반죽한 것
박탁(餺飥), 탕병(湯餠)	떡국	가루를 반죽하여 국에 넣고 삶는 것
혼돈(餛飩)	단자	찰가루를 쪄서 둥글게 만들어 가운데 소를 넣은 것
교이(餃餌)	강정	쌀가루를 엿에 섞은 것
탕중뢰환(湯中牢丸)	원소병	꿀에 삶는 것
부투(餢), 유어(餻)	증병, 상화병	밀가루에 술을 쳐서 끈적거리게 하여 가볍게 하는 것
담(餤)		떡을 얇게 하여서 고기를 싼 것
만두(饅頭)	만두	밀가루를 부풀게 하여 소를 넣은 것

2. 떡의 종류

우리나라 떡에 관한 역사적 배경과 현재까지의 문헌적 고찰은 떡류 제조방법의 특성에 따라 4가지로 분류되며, 떡의 종류는 만드는 방법에 따라 증기로 찌는 떡인 설기류와 증병류, 찐 것에 물리적 힘을 가하여 치는 떡인 도병류, 기름에 지지는 떡인 유병류, 모양을 빚어 삶는 떡인 단자류 등으로 크게 나눌 수 있으며, 고물의 종류 및 형태 등에 따라 이름이 달라지기도 한다.

1) 찌는 떡(증병, 甑餠)

찌는 떡은 우리나라 떡 가운데 가장 기본이 되는 떡이면서도 대표적인 떡으로 그 종류가 가장 많다고 할 수 있다. 멥쌀이나 찹쌀을 가루 내어 시루에 안쳐서 솥 위에 증기로 쪄서 만드는 시루떡을 증병이라고도 한다. 찌는 방법에 따라 설기떡, 켜떡, 빚는 떡, 부풀려 찌는 떡으로 나눌 수 있으며, 크게 찌는 떡은 떡의 모양에 따라 설기떡과 켜떡으로 나뉜다. 설기떡은 쌀가루에 물을 내려 켜가 없이 한 덩어리가 되게 하여 찐 떡으로 '무리떡'이라고도 하며, 그 종류에는 백설기, 무지개떡, 콩설기, 밤설기, 잡과병, 쑥설기 등이 있다.

켜떡은 멥쌀과 찹쌀을 가루내어 팥, 녹두, 깨 등의 고물을 쌀가루 사이에 켜켜이 넣어 안치는 떡을 말하며 고물 종류에 따라 거피팥 시루편, 녹두시루편, 깨시루편 등이 있다. 또 고물 대신 밤, 대추, 석이 등을 채 썰어 고명으로 얹어 찌는 각색편도 있다.

2) 치는 떡(도병, 搗餠)

치는 떡을 도병이라고 하며 찹쌀이나 멥쌀을 가루 내어 시루에 찐 다음 절구나 안반 등에 끈기 나게 친 떡이다. 『성호사설』에서는 "혹은 먼저 익힌 다음에 이것을 잘 치고 여기에 콩을 볶아서 가루로 만든 것을 묻힌다. 지금 풍속의 인절미를 말하며 후세에는 점점 사치스러워져서 이것을 제향에 쓰지 않는다."라고 하였다.

도병의 대표 격인 인절미는 찹쌀을 불려서 시루나 찜통에 쪄서 절구나 안반에 쳐서 적

당한 크기로 썰어 콩고물이나 거피팥고물, 흰깨고물, 검정깨고물 등을 묻히는 떡으로 부재료에 따라 쑥인절미, 수리취인절미, 대추인절미로 나눌 수 있다.

　멥쌀에 치는 떡은 멥쌀가루에 물을 내려 시루에 쪄서 절구나 안반에 끈기 나게 친 다음 길게 막대모양으로 만든 떡이 가래떡이고, 길게 빚어서 떡살로 문양을 내어 자른 것이 절편이며 그 외 개피떡, 차륜병 등이 있다.

　『음식디미방(飮食知味方)』(1670년)에서는 "인절미 속에 엿을 한 치만큼 꽂아 넣어두고 약한 불로 엿이 녹게 구워 아침이면 먹는다"라고 하여 인절미가 상용되었음을 알 수 있다. 단자는 『증보산림경제』(1766년)에 '향애(香艾)단자'란 이름으로 처음 기록되어 있는데, 향기로운 쑥에 찹쌀가루를 섞어 빻아 끓는 물에 삶아 고물을 입힌 것이다.

3) 빚는 떡

　빚는 떡은 찹쌀가루나 멥쌀가루를 반죽하여 모양을 빚어 만드는 떡으로 송편이나 경단, 단자류가 이에 속한다.

송편(松餠)류는 쌀가루를 익반죽하여 콩, 깨, 밤 등을 소로 넣어 만들고 조개처럼 빚어서 시루에 솔잎을 깔아 쪄낸 떡이고, 경단(瓊團)은 찹쌀가루나 수수가루 등에 익반죽하여 동그랗게 빚어서 물에 삶아 고물을 묻힌 떡을 말한다.

단자(團子)는 찹쌀가루에 물을 주어 찌거나 익반죽하여 물에 삶아내어 꽈리가 일도록 친 다음 둥글게 빚어 속에 소를 넣고 고물을 묻히는 방법과 적당한 크기로 빚어서 고물을 묻히는 방법이 있다.

우리나라 문헌으로는 『증보산림경제』에 처음 그 제법이 보인다. 『동국세시기』에는 팔월과 시월의 시식으로 소개되어 있고 「농가월령가」 시월령에도 "풀 꺾어 단자하고"라는 구절이 보이는 것으로 미루어 시속음식으로 많이 쓰였음을 알 수 있다.

4) 지지는 떡(油煎餠)

지지는 떡은 주로 찹쌀가루를 익반죽하여 모양을 빚어 기름에 지지는 떡으로 화전, 주악, 부꾸미 등이 있다. 화전은 찹쌀가루에 익반죽하여 둥글납작하게 빚어서 기름에 지져

꽃잎을 올리는 떡으로 절기에 따라 진달래꽃전, 장미꽃전, 국화꽃전, 감국(황국) 등이 있으며 갖가지 꽃잎을 얹어서 계절의 정취를 즐기는 떡이다.

주악은 찹쌀가루 반죽에 깨나 대추로 소를 넣어 송편 모양으로 작게 빚어 기름에 지져 내는 웃기떡이며, 부꾸미는 찹쌀가루나 수수가루를 익반죽하여 둥글납작하게 빚어서 번철에 기름을 두르고 지져서 소를 넣어 반으로 접어 낸 떡이다.

지지는 떡은 주로 익반죽을 하지만 떡의 종류에 따라 반죽의 정도가 다르다. 화전은 반죽이 약간 진 것이 맛이 좋으며, 주악은 반죽이 약간 되야 지질 때 모양이 망가지지 않는다.

• **떡 종류에 따른 분류**

구분	종류	내용
찌는 떡 (증병, 甑餠)	백설기, 콩설기, 쑥설기 무지개떡, 각색편, 팥시루떡 석탄병, 단호박편, 신과병 증편, 봉치떡, 두텁떡 석이병, 쇠머리떡, 약식 상화, 구름떡, 혼돈병 등	─설기떡 : 멥쌀가루에 물을 내려 켜를 만들지 않고 한 덩어리가 되게 하여 찐 떡(무리떡) ─켜떡 : 쌀가루에 고물을 켜켜이 안쳐 찌는 떡
치는 떡 (도병, 搗餠)	가래떡, 고치떡, 절편 수리취절편, 개피떡, 산병 재증빙, 인절미, 꽃인절미 오쟁이떡 등	─인절미 : 찹쌀가루에 물을 내려 시루에 쪄낸 다음 절구나 안반에 치는 떡 ─가래떡 : 멥쌀가루에 물을 주어 시루에 쪄서 절구나 안반에 끈기가 나게 친 다음 막대 모양으로 만든 떡
지지는 떡 (油煎餠)	화전, 섭전, 국화전 수수부꾸미, 감떡, 웃지지 주악, 개성주악, 삼색산승 석류병, 박병계, 강과 밀쌈, 전병, 빙자병 등	─화전 : 찹쌀가루를 익반죽하여 둥글납작하게 빚어서 번철에 기름을 두르고 지지는 떡 ─주악 : 찹쌀가루 반죽에 소를 넣고 송편 모양으로 작게 빚어 기름에 지지는 떡 ─부꾸미 : 찹쌀가루를 익반죽하여 둥글납작하게 빚어서 번철에 기름을 두르고 지져서 소를 넣어 반으로 접어 낸 떡
빚는 떡	송편, 닭알떡, 경단 수수경단, 부편, 단자 쑥굴레, 쑥개떡, 오메기떡 보리개떡, 밀개떡, 모시풀편 등	─송편 : 멥쌀가루를 익반죽하여 소를 넣어 조개처럼 빚어서 시루에 솔잎을 켜켜이 깔고 쪄낸 떡 ─단자 : 찹쌀가루에 물을 주어 찌거나 삶아 적당한 크기로 빚어 고물을 묻힌 떡

3. 떡의 제조 원리

1) 떡 만드는 과정

① 쌀 씻기

쌀에 붙어 있는 먼지나 겨, 불순물 등을 제거해 주는 과정이며, 씻는 과정에서 쌀전분의 비결정 부분에 10% 정도의 수분이 흡수되고 쌀에 포함된 단백질, 수용성 비타민, 무기질 등이 이때 상당량 손실된다. 씻는 횟수에 따라 손실 정도가 다르지만 2회 씻기를 권장한다.

② 쌀 불리기

물의 흡수량은 쌀의 품종과 정백도, 수온 등에 따라 다르지만, 대체로 30분 정도면 거의 70~80% 이상의 물이 흡수되며, 일반적으로 수온이 높으면 쌀이 수분을 흡수하는 속도가 빨라진다.

옛 문헌에는 "쌀을 깨끗이 씻어 하룻밤 정도 담갔다가 떡을 하라"라고 쓰여 있는데 12시간 정도 불린 쌀로 떡을 하면 먹을 때 가장 맛이 좋은데 그 이유는 수침시간이 12시간일 경우 쌀의 색이나 촉촉한 정도와 탄성 등 여러 면에서 가장 바람직하다.

③ 가루 빻기

물에 충분히 불린 쌀은 떡 종류에 따라 빻기를 달리하는데, 쌀가루가 아주 고운 것보다 어느 정도 입자가 있는 것이 떡을 만들었을 때 수분 함량이 높아 호화도가 더 좋으며, 불린 쌀 1되 기준으로 빻을 때 천일염 15g 정도를 넣고 가루를 낸다.

④ 물주기

쌀가루가 잘 쪄질 수 있도록 수분을 주는 것인데 물을 주는 정도는 쌀을 불리고 물 빼기 하는 정도와 떡의 종류에 따라 다르다. 일반적으로 멥쌀가루 1kg에 물 1.5컵을 넣지만, 작게는 멥쌀가루 1컵에 물 1큰술이 적당하며, 절편인 경우 멥쌀가루 1컵에 물 2큰술을 넣는다. 그래서 불린 쌀은 30분 이상 소쿠리나 채반에 담아 물기를 뺀다. 찹쌀가루의 경우 수증기만으로 익기 때문에 물을 첨가하지 않아도 된다. 왜냐하면 쌀을 물에 불릴 때 멥쌀인 경우 물의 흡수율이 30% 정도이며, 찹쌀인 경우 40% 정도 흡수하기 때문이다. 멥쌀과 찹쌀의 수분 흡수율이 차이가 나는 이유는 아밀로펙틴의 함량 차이 때문으로 보인다.

⑤ 반죽하기

찹쌀의 전분은 100% 아밀로펙틴으로 형성되어 있어 가열하면 쉽게 팽윤되고 끈기가 많다. 그래서 경단을 반죽할 때 익반죽하여 전분의 일부를 호화시켜 삶을 때 시간을 단축시켜 모양이 흐트러지지 않게 한다. 반죽하는 떡에는 송편과 경단, 화전, 주악, 부꾸미, 우메기 등이 있다.

⑥ 부재료 첨가하기

부재료를 많이 넣을수록 수분함량이 많아지는데, 이는 쑥 등에 포함된 식이섬유소의 수분 결합력이 크기 때문이다. 따라서 떡의 노화에도 영향을 준다. 부재료로는 콩, 쑥, 팥, 대추, 잣 등이 있다.

⑦ 찌기

전분이 호화하여 먹기 좋은 상태로 진행되는 과정으로 찌는 과정에서 덱스트린과 유리 아미노산, 유리당이 침출되어 맛이 좋아지며, 전분의 변화가 결정적으로 바뀌는 시기이다.

⑧ 뜸들이기

전분입자를 완전히 호화시키기 위해 고온 상태의 전분을 일정 시간 그대로 유지하는 것인데 이때 미처 호화되지 않은 전분을 호화시키기 위해서이다. 적정 시간 동안 뜸을 들이면 전분의 호화를 촉진시켜 떡 맛을 더욱 좋게 해준다.

4. 전분의 호화와 노화

1) 호화(糊化)

전분을 구성하고 있는 성분은 아밀로오스와 아밀로펙틴의 두 종류이다. 수많은 수소결합으로 형성되어 있는 전분은 전체적으로 밀집된 구조를 이루고 있으며, 수분이 침투되지 않은 상태의 전분을 미셀(micell)구조라 하고, 이 전분에 물을 가하여 가열하면 60~65℃에서 급격히 팽윤하기 시작하여 미셀구조가 느슨해져 점성과 투명도가 높은 상태가 되는데, 이와 같이 분자 간의 결합이 절단되어 결정성 구조가 붕괴되고 전분립이 팽윤해서 액체의 점도가 높아지는 현상을 호화 또는 α화라고 한다.

전분의 종류에 따라 호화가 시작되는 온도가 다르며, 아밀로오스는 α-1.4 결합하여 직쇄상 구조를 이루고, 포도당의 구조에 의한 수소결합으로 6분자 정도마다 한번씩 회전하는 나선구조(helical structure)를 이룬다. 아밀로오스는 요오드와 결합하면 청색을 띠고 아밀로펙틴은 적갈색을 띤다. 아밀로펙틴은 α-1.4 결합에 의한 직쇄상 구조 외에 α-1.6 글리코시드 결합을 통해 가지 모양을 형성하는 거대 중합분자이다.

또 amylose는 직쇄상 구조이기 때문에 amylopectin에 비해 호화와 노화가 쉽게 일어나며, 전분은 종류에 따라 아밀로오스와 아밀로펙틴의 구성 비율이 다르다.

• **곡류의 종류에 따른 함량비**

종류	Amylose(%)	Amylopectin(%)
멥쌀	20	80
찹쌀	0	100
보리	25~27	73~75
찰보리	0	100
옥수수	21~28	72~79
밀	28	72
감자	21~23	77~79
고구마	15	85
수수	27	73
찰옥수수	0	100

(1) 전분 호화에 영향을 주는 인자

① 가열온도

가열온도가 높을수록 호화 속도가 빠르지만 전분의 종류나 수분의 양에 따라 다르다.

② 전분의 종류

전분의 종류에 따라 전분 입자가 클수록 호화가 빠르다. 예를 들어 감자나 고구마는 쌀보다 전분 입자가 크기 때문에 낮은 온도에서 호화되며, 전분 입자가 단단한 옥수수 같은 경우 높은 온도에서 호화된다.

③ 수분함량

전분의 농도가 높을수록 호화도는 낮아지며, 수분이 많을수록 호화는 잘된다. 곡식의 경우 농도가 높기 때문에 완전히 호화되는 데 필요한 수분의 양은 곡식 중량의 6배 정도이다.

④ 전분의 산도(pH)

전분액에 산을 첨가하면 가수분해를 일으켜 점도가 낮아지고 호화가 잘 안 된다. pH 3.5 이하에서는 가수분해에 의해 점도가 현저히 낮아지며, 알칼리성 물질을 첨가하면 전분의 팽윤과 호화가 촉진된다.

⑤ 기타

설탕은 어느 정도 첨가했을 때 점성을 부여하나 비교적 많은 양을 첨가하면 친수성으로 인해 전분 호화에 필요한 수분을 설탕이 경쟁적으로 경합하여 호화를 방해하지만 전분을 조리한 후에 설탕을 첨가하면 호화에 영향을 미치지 않는다.

• 전분 종류에 따른 호화 온도

종류	호화 개시 온도(%)	호화 완료 온도(%)
멥쌀	60~65	73.0
찹쌀	65~70	74.0
밀	59.5	64.0
옥수수	62.0	70.0
보리	51.5	59.5

2) 노화(老化)

호화된 전분을 실온에 방치하면 투명도가 저하되면서 호화 이전의 상태 즉 생전분과 비슷한 구조로 되는 현상을 노화라고 하며 이때 전분이 α-형에서 -β형 전분으로 변하는 것이다. 이는 느슨한 구조로 호화된 아밀로펙틴 사슬구조가 다시 규칙적으로 배열되기 시작하면서 생전분과 같은 결정상태에 가깝게 되기 때문이다.

노화는 호화된 전분이 식으면서 다시 수소결합을 이루고 재결정구조를 형성하는 것이며, 호화될 때 물이 분자 내로 들어가 벌어졌던 구조가 다시 단단한 상태로 돌아가게 되는데 이때 전분분자 간의 수소결합으로 인해 전분분자 사이에 물이 외부로 빠져나가는 현상을 이장현상(synersis)이라고 한다. 노화현상의 수분 함유량은 30~50%, 온도 0~65℃일 때 가장 잘 일어난다.

떡의 노화 정도는 멥쌀과 찹쌀 모두 냉장 〉실온 〉냉동 순이며, 냉장 상태의 온도 5℃에서 노화가 빨리 촉진되었고 0~65℃ 사이에 저장했을 경우 온도가 낮을수록 노화 속도가 증가하였다. 그리고 0℃ 이하, 80℃ 이상일 때 노화가 억제되며, 냉동하였을 때 노화가 지연되는데 그 이유는 수분이 빙결상태로 수소 결합을 방해하기 때문이다.

(1) 전분 노화에 영향을 주는 인자

① 온도

0~5℃일 때 노화가 가장 잘 일어나므로 호화된 전분을 냉장고에 보관하면 노화가 가장 빨리 일어난다. 그 이유는 0~5℃에서는 분자 간 수소결합이 안정되어 상호 결합을 촉진시키기 때문이다. 60℃ 이상이거나 영하의 온도에서는 전분 분자 간에 수소결합이 어려워 노화가 일어나지 않는다. 겨울철 떡이나 밥이 쉽게 굳는 것도 기온이 노화의 최적 온도에 가깝기 때문이다.

② 수분함량

수분함량이 30~60%일 때 노화가 가장 쉽게 일어나며, 15% 이하이거나 수분이 아주 많아도 노화가 잘 일어나지 않는다. 수분이 적은 건조 상태에서는 전분 분자가 교착상태이고, 수분이 많은 상태에서는 전분 분자 간의 결합이 일어나기 어렵기 때문이다.

③ 전분의 pH

노화는 수소 이온 농도에 영향을 받는데, 산성에서 수소결합이 촉진되므로 노화가 잘 일어난다. 즉 노화는 수소결합에 의해 전분분자가 재결정되기 때문에 수소 이온농도가 높을수록 pH는 작으며 강한 산성물질로서 노화가 촉진된다.

④ 전분의 종류

전분 종류에 따라 노화 속도가 달라지며 아밀로오스에는 직쇄상구조로 입체 장애가 없기 때문에 노화가 쉽게 일어나고 아밀로펙틴은 가지상구조로 입체적 장애가 있어 수소결합이 쉽게 일어나지 못하므로 노화가 잘 일어나지 않는다. 멥쌀로 만든 설기떡보다 찹쌀로 만든 찰떡이 늦게 굳는 것이 그 예이다.

(2) 노화 방지 및 억제

① 수분함량

노화는 바람직하지 않은 현상이므로 80℃ 이상의 고온에서 수분을 건조시키거나, 0℃ 이하에서 급속히 냉동 건조하여 수분함유량을 15% 이하로 감소시키면 전분 분자의 배열이 헝클어져 분자와 교착된 상태로 고정되기 때문에 노화를 억제할 수 있다.

② 온도 조절

식품을 온장고 또는 보온에 보관하거나, 호화전분을 동결시켜 수분의 이장현상을 막음으로써 노화를 방지하는 일시적 방법이 있다.

③ 설탕 첨가

설탕은 흡습성과 보습성이 강하기 때문에 음식이 수분 증발되는 것을 방지하게 된다. 전분을 호화시킬 때 설탕을 첨가하면 전분 호화에 사용된 수분과 결합하여 호화상태를 유지하여 노화를 억제시킬 수 있다.

5. 떡에 쓰이는 재료

1) 떡의 주재료

(1) 쌀의 종류

쌀(rice)은 벼과에 속하는 식물로서 20여 종의 품종이 있으며 그중 일본형, 인도형, 자바형으로 분류할 수 있다. 벼의 원산지는 여러 설이 제기되고 있지만 근래 우리나라 청주 소로리 유적에서 구석기 문화와 함께 약 1만 5000년 전에 형성된 것으로 추정되는 토탄층에서 볍씨가 출토되었는데 여기에서 출토된 볍씨는 세계에서 가장 오래된 것이다. 그 외 중국 남부, 미얀마, 타이, 인도 동부 등의 여러 설이 제기되어 있다.

쌀의 구조는 왕겨, 과피, 종피, 호분층, 배유, 배아로 되어 있으며 도정(搗精)에 따라서 5분도미, 7분도미, 백미 등으로 분류할 수 있으며, 산지에 따라 경기미, 호남미, 인천쌀 등으로 나뉜다. 가공별로는 강화미와 알타미 등으로 분류하며, 멥쌀과 찹쌀은 아밀로오스와 아밀로펙틴 함량에 차이가 있으며 멥쌀은 반투명하고 찹쌀은 유백색이다.

멥쌀의 비중은 1.13이고 찹쌀의 비중은 1.08로 찹쌀이 조금 가벼우며, 찹쌀은 거의 100% 아밀로펙틴으로 구성되어 있고, 멥쌀은 아밀로펙틴이 80%, 아밀로오스가 20% 정도 함유되어 있다. 호화 온도는 찹쌀이 70℃ 이상이며 요오드 반응은 적갈색을 나타내고 멥쌀은 65℃ 정도에서 호화하며 청자색을 띤다.

① 자포니카형(Japonica Type)

한국, 일본, 중국 북부, 아메리카 중부 등지에서 재배되며 단립종, 원립종으로 쌀알이 짧고 통통하여 점성이 많은데 이는 전분함량이 아밀로오스는 적고 아밀로펙틴이 많기 때문으로 끈기가 있어 찰지다고 할 수 있다.

② 자바니카형(Javanica Type)

주로 자바 지역에서 재배되며 자포니카형과 인디카형의 중간형태로 끈기가 적다.

③ 인디카형

인도, 필리핀, 베트남 등지에서 재배되며 인디카종은 안남미로도 불린다. 장립형으로 쌀알이 길고 가늘며 찰기가 없어 밥알이 흩어진다.

(2) 쌀의 구조

곡류의 낟알은 외피, 배유, 배아로 구성되어 있고 비율은 약 5 : 92 : 3 정도이다. 배유의 외층에 있는 호분층은 단백질, 지방, 비타민 등의 함량이 높으며, 현미에 해당되는 쌀겨층은 과피, 종피, 호분층, 배유, 배아로 구성된다.

① 외피(外皮)

외피는 겨라고도 불리며 낟알 가장 바깥 부분으로 5%를 차지한다. 곡류를 보호하는 역할을 하며 식이섬유, 단백질, 무기질을 많이 함유하고 있어 조직이 견고해서 소화가 잘 되지 않는다.

② 배유

낟알의 중심부로 약 83% 정도를 차지하며 다량의 전분을 가지고 있어 가식부가 가장 많으며 무기질, 비타민은 미량 존재하며 섬유소는 거의 들어 있지 않다.

③ 배아

낟알의 3%정도를 차지하며 탄수화물을 제외한 나머지 식이섬유 및 영양 성분의 함량이 높으나 도정 시 제거된다.

(3) 쌀의 영양

쌀의 주성분은 탄수화물이며 75% 정도는 전분이고 나머지는 여러 가지 영양소와 당류, 섬유소 등이다. 그중 쌀에 들어 있는 단백질은 오리제닌(oryzenin)이며 밀보다 단백질 함유량은 적으나 질적인 면에서 훨씬 우수하여 다른 곡물보다 열량이 높아 인구부양 능력이 곡물 중에 최고이다.

우리나라의 경우 쌀 섭취량이 많아 단백질 급원식품으로 사용되고 있으며 필수아미노산 라이신(lysine)이 부족하여 단백가는 77% 정도이다. 지방과 비타민, 무기질은 도정에 의해 대부분 제거되기도 하지만 가열조리 시 거의 손실되며, 도정한 정도에 따라 백미와 현미로 구분되며 3분도미, 5분도미, 7분도미 등이 있다.

- 도정도(搗精度) : 쌀겨층의 박리 정도에 따라서 결정
- 도정률(搗精率) : 쌀겨층의 겉을 벗겨낸 비율
- 도감(搗減) : 도정도에 의해 쌀겨가 감소하는 양

(4) 구성 성분에 따른 분류

쌀은 전분의 구성 성분에 따라 멥쌀과 찹쌀로 구분되며, 멥쌀은 아밀로오스 성분과 찹쌀 아밀로펙틴 성분의 비율이 2:8 정도이다.

찹쌀은 아밀로펙틴 성분으로 구성되어 있어 호화 시 팽윤하기 쉽고 점성이 많아 노화가 느리다.

(5) 쌀의 가공

물리적인 도정의 원리는 일반적으로 4가지가 공동작용에 의해 도정된다.

① 마찰(friction) : 곡립이 마찰되어 미끈하고 윤기있는 알맹이가 된다.

② 찰리(resultant tearing) : 곡립에 마찰을 강하게 하여 표면을 벗긴다.

③ 절삭(grinding) : 곡립의 조직을 단단한 물체로 분할한다.

④ 충격(impact) : 곡립에 충격을 주어 조직을 벗긴다.

(6) 쌀 품종 고르기

① 도정 일자가 가까운 것을 고른다.

② 수분함량은 15% 정도가 적당하고 14% 이하가 되면 밥맛이 떨어진다.

③ 혼합미보다 단일 품종의 쌀이 좋다.

④ 투명할수록 단백질 함량이 적어 쌀의 품종이 우수하다.

• 벼의 작업 공정도

벼→ 정선→ 제현→ 현미 분리→ 석발→ 정미→ 연미→ 선별→ 포장→ 제품

과정	내용
제현	왕겨를 벗겨내는 과정
석발	돌 고르기
정미	현미에서 미강층 제거
제강	쌀겨 제거
연미	쌀 표면의 겨 제거
선별	바람을 이용하여 부서진 쌀 제거
포장	제품으로 포장
제품	소비자에게 전달

(7) 찹쌀

멥쌀에 대응되는 말로 나미(糯米) 또는 점미(黏米)라고 하며, 100년경의『설문해자(說文解字)』에서는 벼 가운데서 가장 찰기가 많은 것은 나(糯), 다음은 갱(粳), 찰기가 없는 것은 선(籼)으로 분류하고 있어 찰벼가 있었음을 나타낸다.

중국의 벼 학자 팅잉(丁潁)은 황하유역에서 메벼가 재배되었고 후한 초기에 더욱 찰기가 많은 찰벼가 있었다고 한다. 또한 일본의 고고학자는 찰벼를 갱(粳, 秔)으로 표기하였고 한나라 시대에는 도(稻)라고 표기하였다고 한다.

우리나라에 벼가 들어온 시기는 청동기시대였으며, 벼를 찧어 밥을 지을 때 찹쌀은 시루에 찌고 멥쌀은 주로 쇠솥을 이용하여 지었다. 따라서 시루가 먼저 출토되어 찹쌀이 먼저 들어왔을 것이라는 주장과 토기를 이용하여 밥을 지었던 예를 들어 멥쌀이 먼저 들어왔다

고 주장하기도 한다.

　우리나라에는 삼국시대 때 쇠솥이 보급되었고 『삼국유사』에서는 까마귀에게 찰밥으로 제사를 지냈다는 전설이 있어 평상시 밥은 멥쌀이었고 행사가 있을 때 시루를 이용하여 찐 찰밥은 떡의 형태로 이용되었을 것으로 보인다.

　삼국시대 고구려 2대 왕을 뽑을 때 유리왕과 석탈해가 왕위를 서로 미루다가 찰떡을 깨물어 잇자국으로 유리왕이 왕위에 올랐다는 고사는 찐 찹쌀을 떡메로 쳐서 만든 절편, 가래떡이 있었음을 시사해 준다.

• 멥쌀과 찹쌀 성분

구분	멥쌀	찹쌀
아밀로오스	20%	0%
아밀로펙틴	80%	100%
비중	1.13	1.08
호화 온도	60~65℃	70℃
단백질	6.8%	8.7%
색도	반투명	유백색
구조	직쇄상 구조	사슬구조
요오드반응	청남색	적갈색
콜로이드 성질	낮다	높다

(8) 기타 곡류

① 보리

쌀, 밀, 옥수수 다음으로 많이 재배되는 보리는 겉보리와 쌀보리로 구분된다. 겉보리는 껍질이 벗겨지지 않은 까락이 길고 얇게 밀착되어 잘 벗겨지지 않아 볶아서 보리차나 엿기름으로 사용되며, 쌀보리는 껍질이 종실에서 잘 분리되어 밥에 섞어 먹을 수 있으며 알이 둥글고 전분함량이 80%이다.

보리의 주요 단백질은 프롤라민계(prolamin)의 호르데인(hordein)이며, 리신과 트레오닌, 트립토판 같은 필수아미노산이 부족하여 우수한 곡류는 아니지만 배유 내부까지 비타민 B_1과 B_2가 고루 분포되어 있어 도정해도 그 함유율은 높다.

보리밥은 식사 후 공복감을 빨리 느끼게 되는데 그 이유는 보리밥의 소화율은 87.5%이기 때문이다. 미숫가루는 90.6%의 소화율을 나타내며, 섬유소는 쌀보다 5배 많다.

② 밀

밀은 기원전 10000~15000년에 이미 중동에서 재배되기 시작했고, 이집트, 터키, 이라크 등에서도 기원전 6700년경의 것으로 보이는 탄화미가 발견된 적이 있다. 오늘날

곡류 중 가공식품의 원료로 가장 많이 이용되며 종류는 20여 종이 있으나 실제로 재배되는 것은 보통밀과 듀럼밀로 전체의 90% 이상을 차지한다. 밀은 겨가 약 14%, 배아가 약 85%, 배유가 2%이며, 배유가 분질상이기 때문에 밀알을 깨뜨렸을 때 과피와 배유가 쉽게 분리되어 입자형태로 사용하기보다 가루를 내어 빵이나 국수 등의 음식 제조에 사용된다.

밀의 주성분은 탄수화물이며, 다른 곡류에 비해 단백질 함량은 높으나 필수아미노산 함량이 낮아 질은 우수하지 못하다. 밀의 단백질은 글리아딘(gliadin)과 글루테닌(glutenin)으로 이루어진 글루텐(gluten)이 약 75%를 차지하며, 글루텐 함량에 따라 밀가루 종류가 결정되기도 한다.

• **단백질 함량에 따른 밀가루 종류**

종류	단백질 함량(%)	용도
듀럼밀(durum wheat)	15~18	쿠스쿠스, 파스타 등
강력분(strong flour)	11~13	식빵, 마카로니, 스파게티 등
중력분(medium flour)	9~12	국수류, 만두류, 다용도
박력분(soft flour)	9~10	튀김, 과자, 케이크 등

③ 조

조는 인도, 아프리카, 중국 등지에서 많이 생산되는 곡물로 토양이 척박하고 가물어 다른 곡물이 자라지 않는 지역에서도 잘 자라기 때문에 우리나라 북부지방 등에서 중요한 곡물의 하나로 여겨 왔다.

조는 메조와 차조로 나뉘며 메조는 찰기가 없고 주성분은 전분이며, 차조는 단백질과 지질이 비교적 많으며 찰기가 있고 장기간 저장해도 맛의 변화가 없어서 밥, 죽, 떡, 과자 등의 원료로 이용된다.

④ 옥수수

옥수수의 주요 단백질은 제인(zein)으로 트립토판, 니아신 같은 필수아미노산이 거의 없어 영양가는 크게 부족하지만 옥수수만을 주식으로 하는 경우 피부병의 일종인 펠라

그라(pellagra)병에 걸리기 쉽다. 옥수수는 대부분 사료로 이용되며 10% 정도는 주식이나 통조림, 팝콘용, 전분가루, 그 외 쪄서 식용으로 이용되고, 씨눈에서 기름을 추출하여 사용하기도 한다.

⑤ 메밀

메밀의 과피는 단단하고 광택이 있으며 리신, 트립토판 같은 필수아미노산의 함량이 많아 단백질은 13% 정도 다른 곡류에 비해 많은 편이며 그중에 루틴(rutin)은 콜레스테롤을 감소시켜 성인병 예방에 도움을 준다. 메밀은 대부분 가루로 이용되며 영양성분이 균일하게 분포되어 있어 제분하더라도 영양 손실이 적은 편이다. 가루색은 흑색으로 서양에서는 핫케이크, 동양에서는 밀을 10~50% 섞어 면이나 묵으로 만들어 식용한다. 메밀가루에 점성 단백질인 프롤라민(prolamin)이 부족하여 다른 가루를 혼합하여 사용하기도 한다.

⑥ 수수

수수는 낱알이 좁쌀보다 크고 껍질이 단단하여 윤이 나고 속과 밀착되어 있다. 수수의 주성분은 탄수화물로서 잘 호화되지 않아 소화율이 낮고 비타민 함량도 적다. 차수수와 메수수로 나뉘며 차수수는 밥이나 떡 등으로 이용되고, 메수수는 가축의 사료, 고량주의 원료로 사용된다.

『동의보감』에 "수수는 맛이 달고 깔깔하다. 성질이 따뜻하며 속을 따뜻하게 할 수 있고 장기능을 조절하여 설사를 멈추게 하며 갑자기 배가 아프면서 심한 구토와 설사를 일으키는 콜레라, 세균성 식중독, 급성 위장염 등을 다스린다."라고 하였다.

• **식품과 단백질**

종류	단백질
쌀	oryzenin
보리	hordein
옥수수	zein
달걀(난백)	ovoalbumin
달걀(난황)	livetin
밀	gluten
우유	casein
수수	essential amino acid
고구마	tuberin
감자	tuberin

2) 떡의 부재료

(1) 고물

① 팥(적두)

팥은 콩보다 작고 붉다고 해서 적두, 소두, 홍두 등으로 불리며, 팥에 함유된 사포닌(saponin) 성분은 이뇨작용을 하며, 안토시아닌(anthocyanin)은 체내 활성산소를 제거해 주고, 또한 비타민 B$_1$은 탄수화물 대사와 각기병 예방에 도움을 준다. 팥은 붉은색과 흰색 띠가 뚜렷하고 손상된 낟알이 없어야 하며, 주로 떡고물, 팥죽, 아이스크림, 팥빙수, 빵 등에 사용된다.

② 녹두

녹색을 띠는 콩이라 하여 녹두라고 하며, 맛은 달고 성질은 차며 독은 없어 예로부터 100가지 독을 치유하는 천연 해독제라고 불리기도 한다. 칼슘의 함량이 매우 높으며 비타민 K와 비타민 E가 다량 함유되어 있다. 녹색 빛이 진하고 갈색 낟알이 섞여 있는 것이 좋으며, 껍질이 벗겨지지 않은 녹두는 물에 8시간 이상 충분히 불려서 손으로 비벼 껍질을 제거하여 사용한다. 녹두는 쌀과 섞어 밥을 하거나 떡고물, 녹두전, 죽 등에 이용된다.

③ 대두

'밭에서 나는 고기'라고 불린 정도로 양질의 단백질과 지방산이 풍부하여 채식주의자들이 밀고기를 만들어 단백질 섭취를 대신하며, 이소플라본(isoflavone) 성분은 칼슘의 흡수를 도와 골다공증 예방에 도움을 주며, 사포닌 성분은 항산화 작용을 한다. 대두는 백태, 메주콩, 노란콩이라고도 불리며, 밥을 지을 때 함께 넣어 먹거나 두부, 된장, 두유, 콩국수 국물, 콩기름의 원료로 이용된다.

④ 흑태

검은콩은 흑태, 서리태(속청), 서목태(쥐눈이콩)라고 하며, 안토시아닌과 이소플라본 성분이 다량 함유되어 있어 혈액순환을 개선하고 노화방지 효과가 있으며, 혈중 콜레스테롤 농도를 낮춰주고 건강한 모발을 유지하는데 도움을 준다. 검은콩은 밥에 넣어 먹기도 하고 간장에 조려 콩자반, 콩설기떡, 찰떡 등에 이용된다.

⑤ 동부

장두(長豆), 강두(豇豆), 동부콩, 동부의 방어인 돈부리라고도 한다. 동부콩은 단백질이 23.9%인 데 비해 탄수화물이 55% 정도로 전분이 많이 들어간 콩으로 칼로리가 낮아 다이어트에 효과적인 식품으로 청포묵의 원료이며 떡의 고물, 과자로 이용된다. 동부는 거피하여 푹 쪄서 체에 내려 거피팥 대용으로 인절미나 개피떡의 소로 사용되며, 외국에서는 수프나 스튜, 샐러드 볶음요리에 이용된다.

6. 떡을 만드는 도구

1) 떡 도정 도구

① 방아

곡물을 절구에 넣고 찧거나 빻는 도구로 그 종류는 지렛대를 이용하는 디딜방아, 물을 이용하는 물레방아, 가축을 이용하는 연자방아 등이 있다. 석기시대의 떡 도구로는 돌그릇(석명石皿)과 돌방망이(석봉石棒) 한 쌍, 곡식을 탈곡하고 제분하는 데 사용했던 갈돌 등이 있다.

② 디딜방아

곡식을 빻거나 찧는 데 사용한 도구로 지방에 따라 디딜방아, 딸각방아, 발방아, 돈방아, 디딤방아, 손방아 등으로 부른다. 디딜방아는 사람의 몸무게를 이용하여 발로 방아를 찧는 방법으로 한쪽이 두 갈래로 벌어져서 두 명이 나란히 찧을 수 있는 우리 고유의 떡 도구이다.

③ 매통

벼의 껍질을 벗기는 데 쓰는 통나무로 주로 곡식의 껍질만 벗기는 데 쓰인다.『해동농서(海東農書)』에는 '목마(木磨)'로 표기되었는데 지역에 따라 '나무매'(경기도 덕적) · '매'(충청남도 당진) · '통매'라고도 불리며, 매통은 길이 70cm 정도의 굵은 통나무로 위짝의 윗마구리는 우긋하게 파고 가운데는 벼를 흘려넣도록 지름 5㎝가량의 구멍을 뚫었다. 통나무가 귀한 곳에서는 대로 테를 둘러 울을 삼고 이 안에 찰흙을 다져 넣어 매통을 만들기도 하는데 이를 '토매'라고 한다.

④ 절구와 절굿공이

통나무나 돌을 우묵하게 파내어 속에 곡식을 넣고 절굿공이로 찧어 떡을 치기도 하고 고춧가루 등을 빻아 사용한다. 재질에 따라 나무절구와 돌절구, 쇠절구 등이 있으며, 절구를 절고, 도구통, 도구, 절기방아라고 부른다. 쇠절구는 크기가 작으며 주로 양념을 다지는 데 사용하였고, 나무절구는 위아래의 굵기가 같은 것이 대부분이나 남부지방에

서는 허리를 잘록하게 좁힌 것을 많이 사용한다. 돌절구는 상부에 비해 하부를 좁게 깎으며 아랫부분을 정교하게 다듬어 조각을 넣기도 한다. 절구의 크기와 형태는 지역에 따라 차이가 있으며 특히 제주도의 절구는 돌을 쪼아 만든 확의 주위에 큰 함지박을 끼워 놓는다.

⑤ 키

빻은 곡식을 담아 추켜들어 날려서 겨와 이물질을 분리시키는 도구로 주로 고리버들을 엮어서 만든다. 앞은 넓고 평평하며 뒤는 좁고 우묵하여 곡식을 놓고 이리저리 흔드는 과정에서 가벼운 쭉정이나 벼 이파리 같은 것은 날아가거나 앞에 남고 아랫부분에는 곡물만 남는다.

⑥ 풍구

둥근 통 속에 장치한 날개를 돌려 일으킨 바람으로 곡물에 섞인 쭉정이, 겨, 먼지 등을 날리는 데 사용하는 도구이다.

2) 떡 재료를 다루는 도구

① 이남박

안쪽에 여러 줄로 고랑이 지게 돌려 파서 만든 함지박으로 충청도에서는 인함박이라고
한다. 쌀 따위를 씻어 일 때 돌과 모래를 잘 분리되게 한다.

② 조리

조래미라고도 하며 물에 불린 쌀을 일면서 쌀과 분순물을 분리하는 도구로 대오리, 버
들가지, 쌀리 등으로 국자처럼 모양을 내어 엮어 만든다. 이남박이 바가지 속의 물에 담
긴 쌀을 한 방향으로 일면서 물살의 힘으로 쌀알이 떠오르면 조리로 쌀을 담아 올리는
데 이때 조리질하는 방향은 집 안쪽으로 해야 복이 들어온다는 설이 있어 복조리를 집
집마다 실로 매어 벽에 걸어둔 기록이 있다.

③ 맷돌

곡식을 갈아서 가루로 만들 때나 물에 불린 곡식 등을 갈 때 사용하는 기구로 위짝은 곡
식을 넣는 구멍이 있고, 아래짝에는 곡물이 잘 갈리도록 판에 구멍이 있다. 지역에 따라
모양이 다르며 강원도 산간에서는 통나무로 만든 나무맷돌을 쓰기도 하고, 제주도에서
는 네 사람이 함께 돌리는 대형 맷돌을 쓰기도 한다. 맷돌에 곡물을 갈 때에는 큰 함지에
맷돌을 앉히고 두 사람이 마주앉아 한 사람은 곡물을 위짝 구멍에 떠 넣고, 한 사람은
위짝을 돌리면서 간다.

④ 체

절구나 맷돌에서 갈아낸 가루를 일정한 크기로 쳐내기 위한 기구로 고운체, 도드미체, 깁체, 어레미체 등 체의 굵기에 따라 여러 가지가 있다. 구멍이 굵은 어레미는 떡고물이나 메밀가루 등을 내리는 데 사용하고, 중게리는 시루편을 만들 때 떡가루를 물에 섞어 비벼 내릴 때 사용하며, 가루체는 송편가루 등을 쳐 내릴 때 사용하고, 고운체는 술 등을 거를 때 사용된다.

⑤ 떡보

흰떡이나 인절미 등을 안반에 놓고 칠 때 흩어지는 것을 막기 위해 찐 가루나 쌀을 싸는 보자기를 말한다.

⑥ 쳇다리

그릇 위에 걸쳐 체를 올려놓는 기구로 삼각형 또는 사다리꼴로 되어 있으며, 떡을 만들 때는 쌀을 빻은 뒤 쌀가루를 내릴 때 사용한다.

3) 떡을 익히는 도구

① 번철

화전이나 주악 등 기름에 지지는 떡을 만들 때 사용하는 철판으로 예전에는 가마솥 뚜껑을 뒤집어 프라이팬처럼 사용하였다.

② 시루

떡, 쌀 등을 찌는 데 사용한 질그릇으로 강원, 경상, 전남, 제주에서는 시리라고도 했으며, 자배기 모양으로 바닥에 구멍이 여러 개 뚫렸다. 주로 토기나 옹기로 만들지만 유기로 만든 것도 있다. 또 시루 안의 재료가 구멍으로 빠지지 않도록 칡덩굴 등으로 시루밑을 깔기도 하고 시루와 솥에 닿는 부분에 수증기가 새는 것을 막기 위해 밀가루를 뭉쳐서 발랐는데 이것을 시루번이라고 한다.

③ 찜통

떡을 찔 때 사용하는 도구로 대나무나 스테인리스 등으로 만든다. 찜통은 뚜껑과 찜기로 이루어져 있어 시루 대신 재료를 찔 때 사용되며 찜기에 한지나 젖은 베보자기를 깔고 쌀가루를 놓고 찐다.

4) 떡 모양을 내는 도구

① 안반과 떡메

떡을 칠 때 사용하는 도구로 곡물을 쪄서 안반에 놓고 떡메로 힘차게 치면 다른 사람은 고물이나 소금물을 묻혀 친떡을 섞어준다. 멥쌀을 쪄서 친 것은 가래떡이고 찹쌀을 쪄서 친 것은 인절미가 된다.

② 떡판

떡을 만들거나 기름을 짜는 데 사용하는 도구이다. 떡판은 크게 기름떡을 올려놓는 판, 절편을 박아 만드는 절편판, 그리고 떡을 칠 때 사용하는 안반이 있다.

③ 떡망판

통나무를 파서 만든 것으로 떡메로 떡을 칠 때 받침으로 사용되며 통나무 가운데를 구유처럼 길게 파서 떡을 치는 데 사용된다. 떡구유는 한번에 두 말 정도 칠 수 있으며 적은 양은 혼자서 치지만 많은 양을 칠 때는 두 사람이 마주서서 엇갈려 가며 떡메질을 한다.

④ 떡살

떡살은 떡본 또는 떡손, 병형 등으로 불리며, 재질은 단단한 소나무, 참나무 등으로 만든다. 떡살을 절편에 찍으면 아름답게 남는데, 떡살의 문양은 주로 부귀영화(富貴榮華)를 기원하는 뜻을 담고 있는 길상무늬, 장수와 해로를 뜻하는 국수무늬, 태극무늬, 빗살무늬 등 그 종류가 다양하지만 가문에 따라 정해지기에 그 집안의 상징으로 통용되고 좀처럼 그 문양을 바꾸지 않고 빌려주지 않는다.

⑤ 밀방망이

반죽을 밀어서 넓게 펴는 데 사용하는 도구로 개피떡 등을 만들 때 일정한 두께로 미는 데 사용한다.

5) 떡을 담는 도구

① 함지

통나무로 파거나 널빤지로 짜서 만든 다기능 그릇으로 강원도 지방에서 많이 제작되었다. 사각형, 팔각형 등 다양한 모양과 크기가 있으며, 음식을 요리할 때 혹은 곡식이나 채소, 떡, 한과 등을 보관 운반하는 데 사용되기도 했으며, 함지는 만드는 방법과 모양에 따라 귀함지, 도래함지, 모함지가 있다.

② 목판

떡이나 과일 등의 음식을 담거나 운반할 때 쓰는 그릇으로 나무판으로 모나게 짜졌다고 해서 모판이라고 하며, 주로 소나무로 만들며 여러 가지 모양과 크기가 있다. 잔치나 제사를 지낸 다음 여러 사람과 나눠 먹는 음식인 반기를 돌릴 때에도 모판에 유지를 깔고 떡을 비롯한 여러 가지 음식을 몫몫이 담아주기도 한다.

③ 광주리

광주리는 중국의 '광아르'에서 온 말로 주로 대, 싸리, 버들 등으로 만들며 바닥보다 위쪽이 더 넓은 큰 그릇이다. 농가에서는 운반하는 도구로 광주리에 끈을 매어 들기도 하고 음식물을 보관하는 그릇으로 사용하기도 한다.

④ 소쿠리

곡물, 채소, 과일 등을 물에 씻어 담는 도구로 물기가 잘 빠지고 공기가 통한다는 장점이 있어 익힌 음식을 담거나 떡살을 씻어 건져 놓을 때 사용되며, 댓가지를 결어 반구형으로 만든 그릇이다.

⑤ 멱서리

피나무 껍질을 꼬아 씨줄로 하고 짚으로 가는 새끼를 꼬아 날줄로 해서 만들어 곡식을 운반, 저장하는 데 사용한 용구로 지방에 따라 멱다리, 멱사리, 멱대기 등이라 부르기도 한다.

⑥ 채반

껍질을 벗긴 싸릿개비나 버들가지로 광주리처럼 평평하고 둥글넓적하게 만든 채그릇이다. 기름에 지진 떡이나 전을 펼쳐 놓아 기름을 빠지게 하고 식히기도 하며 재료를 넣어 말리거나 물기를 뺄 때도 사용한다.

6) 계량도구

① 되와 말

곡식이나 가루 또는 액체 분량을 알아보는 데 쓰는 그릇으로 '되'나 '말'이 있는데 '되'는 나무 또는 쇠로 만들며 모양은 직육면체이고, 보통 10홉을 말하며 대승(大升)이라고 한다. '말'은 '되'의 10배로 현재는 미터법이 실시되어 20L를 한 말로 하고 있다.

② 계량컵과 계량스푼

곡물의 양을 되나 말로 계량하였으나 요즘 만드는 떡의 양이 적어지면서 계량도구도 소형화되었다. 우리나라 한 컵의 양은 200ml이며 계량스푼으로 한 큰술은 15ml, 작은술은 5ml, 쌀 한 되(1.6kg)를 불려서 가루를 빻을 때 천일염을 15g 정도 넣으면 간이 알맞다.

7. 떡의 쓰임새

1) 떡의 풍습

떡은 농경민족의 산물이라 할 수 있으며 동남아시아 대륙은 떡문화의 본거지로 우리나라와 중국 서남부, 일본 등에서는 예나 지금이나 떡은 신에게 바치는 예물이기도 하고 악귀를 물리치는 성물(聖物)로 갖가지 길흉행사(吉凶行事)에 빠지지 않는 귀물(貴物)로 여겨졌다. 이런 떡문화권 속에서 생활한 우리 민족에게 떡에 관한 속담이나 풍습이 많을 수밖에 없다.

지금은 잘 쓰지 않지만 '밥 위에 떡'이라는 속담이 있는데 이는 밥보다 떡을 더욱 맛있게 여긴 조상들의 생각을 엿볼 수 있다. 별식이자 간식이기도 했던 떡은 계절적으로 가을과 겨울에 주로 해먹은 음식으로 '밥 먹는 배 다르고 떡 먹는 배 다르다'고 할 정도로 떡을 즐겼다. 겨울밤에 굳은 인절미를 화로 위 석쇠에 구워 조청이나 홍시에 찍어 먹는 맛은 겨울 정취의 으뜸으로 이웃이나 친지집에 보내서 나눠 먹었다. 잔칫집에서도 손님들에게 싸주는 음식 중 제일 으뜸으로 치는 것이 떡이었으며 그 종류가 많아 잔치 때는 맛을 즐기기보다는 보이기 위해 만들기도 하였다.

상고시대『가락국기(駕洛國記)』수로왕조(首露王條)에는 제수(祭需)로 떡을 사용한 기록 나오는데 그만큼 떡을 사용한 역사는 매우 오래되었다. '귀신 듣는데 떡 소리한다', '떡 본 김에 제사 지낸다'는 말은 제물로써 떡의 쓰임새를 잘 말해준다.

조선 후기에 기록해 놓은 세시풍습을 보면『열양세시기(列陽歲時記)』(1819년)의 원일조(元日條)에 "제석에 병탕(餠湯)"이라 하여 떡국을 식구대로 한 그릇씩 먹는 풍속이 있었으며, 세찬에는 메 대신 떡국을 올리는 '떡국제사'를 지낼 정도로 떡국을 준비하였고, 간접적으로 나이를 물을 때 떡국을 "몇 그릇 먹었나?"라고 하였는데 정월 초하루 떡국은 나이를 한 살 더 먹게 되므로 떡국의 숫자는 곧 자기 나이가 되었던 것이다.

그리고 붉은팥시루떡은 부적의 효과가 있다고 믿어 팥고물을 얹은 팥시루떡을 시루째 제물로 올리기도 하였고 귀신에게 올린 떡은 먹어도 체하지 않는 '복떡'이라 하여 이웃·친척들과 나누어 먹었다.『송사(宋史)』고전에는 고려 사람들이 정월 첫 뱀날 쑥떡을 해먹으면 악귀를 쫓을 수 있다고 하였고, 제주도에서는 정월 대보름날 떡을 찔 때 자기 이름을 적은 종이를 시루 밑에 깔고 찌는데 그때 떡이 설고 잘 익음에 따라 흉하고 길함을 점치기도 하여 이를 '모듬떡점'이라 하였다.

경상도 지역의 어촌에서는 가래떡을 용처럼 둥글게 빚어 초하루부터 보름 사이에 영등제를 지내면 풍랑이 일지 않는다고 믿었다. 또 용떡을 먹으면 아들을 낳는다고 믿어 혼례 때 빚어 교배상에 올리기도 했다.

『동국세시기(東國歲時記)』에서는 "송편을 예쁘게 잘 빚어야 시집을 잘 간다"고 하였으며 임신한 부인은 예쁜 자식을 낳는다고 하여 정성들여 빚었다. 또 송편 속에 솔잎을 가로 넣고 찐 다음 솔잎이 붙은 곳을 깨물면 딸을 낳고 솔잎의 끝쪽을 깨물면 아들을 낳는다고 하여 이를 점치기도 하였다. 송편은 시루에 솔잎을 켜켜이 놓고 찐 떡으로 송병(松餅) 또는 송엽병(松葉餅)이라 하였다. 특히 추석 때 먹는 송편은 올벼를 수확해서 빚었기에 '오려 송편'이라고 한다.

까마귀 젯밥이라 하는 유래가 있는데 신라 21대 소지왕이 천천정(天泉亭)이란 정자에 행차하는 도중에 까마귀 한 마리가 입에 물고 있던 봉서(封書) 한 장을 주고 날아가 버렸다. 봉서 겉에는 '열어보면 두 사람이 죽고 열지 않으면 한 사람이 죽는다'고 써 있었다. 신하들이 이상히 여겨 임금에게 올렸는데 임금은 '두 사람이 죽는 것보다 한 사람이 죽는 것이 나으니 그대로 두자' 하였지만 한 늙은 신하가 '한 목숨은 임금을 이르는 것이요, 두 목숨은 신민(臣民)을 뜻하니 그 봉서를 뜯어보자고 하여 그 봉서를 뜯어보니 '궁으로 돌아가서 거문고의 갑(匣)을 쏘아라'는 글귀가 적혀 있었다. 소지왕은 돌아가 금갑을 향해 화살을 쏘자 거기에는 궁주와 역신이 간통하여 이날 밤에 숨어 있다가 왕을 해치려고 했던 것이다. 이 일이 있은 후 소지왕은 까마귀의 은혜에 보답하기 위해 정월 대보름날 까마귀가 좋아하는 대추로 약식을 만들어 먹이도록 하여 오늘날까지 전해 내려왔다.

(1) 시식(時食)과 떡

시식은 일정한 형식에 따라 만드는 것이 아니라, 계절마다 신선한 재료로 만들어 먹는 음식을 말한다. 시식은 모두가 만들 수 있는 토착음식을 기본으로 하여 자신의 형편에 따라 즐기는 식생활풍습이다. 계절의 미각을 즐김과 동시에 부족한 영양분을 보충하는 의미도 있다. 우리나라는 사계절이 뚜렷하여 자연환경을 배경으로 독특한 식품이 수확되므로 계절마다 음식을 만들어 먹는 식생활풍속이 형성되었으며, 조선시대의 세시풍속을 기록한 『동국세시기(東國歲時記)』에는 절식과 함께 시식이 소개되어 있다.

봄철 조석(朝夕)반상에는 봄나물로 국과 나물을 만들고, 음력 3월에는 연한 쑥으로 끓인 애탕(艾湯)으로 쑥의 쌉쌀한 맛과 향이 봄철의 입맛을 돋우며 비타민을 보충하였고, 떡집에서는 송기떡, 쑥송편, 잡과병을 만들어 팔기도 했다. 봄철의 떡으로는 개피떡, 산떡, 환떡, 진달래화전 등이 있으며, 개피떡은 쳐서 만든 도병(搗餠) 중 하나로 반달 모양인데 이는 떡 안에 공기가 차도록 하기 위함이다. 안에 공기가 들어 있어 바람떡이라고 하여 결혼식 때는 하지 않는 떡이기도 하다. 산떡은 오색으로 만든 경단을 다섯 개 꿰어 만든 것이고, 환떡은 찹쌀가루에 쑥이나 송기를 섞어 만든 둥근 모양의 절편이다.

여름철에 더위로 떨어진 체력을 회복시키기 위한 보양시식으로 어채, 어만두, 미나리강회, 실파강회 등이 별미이다. 또 편수와 밀쌈 등이 있는데 편수는 밀가루 반죽을 밀어 속에 고기, 채소 등을 채 썰어 볶아 넣고 싸서 만든 사각만두이고, 밀쌈은 밀가루를 개어서 얇게 만든 것에 고기, 채소 등을 채 썰어 볶아 말아서 싼 음식이다. 그리고 더위에도 쉽게 변질되지 않는 증편을 만들어 시식으로 하였는데, 증편은 쌀가루를 술로 반죽하여 부풀게 한 다음 대추·실백·석이버섯 등을 얹어 찐 떡이다.

가을철은 오곡백과가 무르익는 수확의 계절로, 햅쌀로 빚은 오려송편, 청대 햇콩을 넣고 지은 햅쌀밥, 밤을 넣고 지은 밤밥 등이 대표적인 시식음식이다. 9~10월경은 밤과 대추가 잘 익는 시기이므로 우리나라 한과인 율란, 조란, 대추초, 밤초 등이 가을철의 별미음식으로 이용되었다.

겨울철의 시식은 지방이 풍부하여 추위를 덜 타게 하는 음식이었다. 주안상에 올리는 전골·열구자탕은 뜨거운 음식으로서 추위를 이길 수 있는 어한용시식(禦寒用時食)이었다. 또 겨울철에는 김장을 끝내고 메주를 쑨 다음 시루떡을 하는데 이는 멥쌀가루나 찹쌀가루를 켜켜이 안치고 팥고물을 얹어 찌는 이 계절의 대표적인 시식의 하나이다.

(2) 절식(節食)과 떡

우리나라는 농경 위주의 생활을 하면서 사계절이 뚜렷하여 세시풍속(歲時風俗)이 발달하였다. 다달이 절기가 바뀔 때마다 쉽게 구할 수 있는 재료들을 구해 떡을 만들어 신에게 바치거나 이웃이나 친척 간에 나누어 먹는 풍습을 시절식이라 한다. 절식과 시식에는 각 계절의 식재료를 이용하여 음식을 만들어 먹음으로써 재앙을 예방하고, 몸을 보양하며, 조상을 숭배하고자 하였는데 이러한 날에 만들어 먹는 음식을 세시음식이라고 한다.

• 절기와 떡

날짜(음력)	절기	떡
1월 1일	설날	떡국, 가래떡, 인절미, 승검초편 등
1월 15일	정월 대보름	오곡밥, 약식 등
2월 1일	중화절	노비송편, 용떡
3월 3일	삼짇날	화전, 쑥버무리, 쑥송편 등
4월 5일	한식	승검초편, 쑥단자, 장미화전 등
5월 5일	단오	수리취절편(차륜병), 기주떡 등
6월 15일	유두일	상화병, 밀전병, 수단 등
7월 7일	칠석	증편, 깨인절미, 밀전병, 주악 등
8월 15일	추석(한가위)	오려송편, 호박떡, 개떡 등
9월 9일	중양절	감국화전, 밤단자, 쇠머리떡 등
10월 1일	상달	백설기나 붉은팥시루떡, 밀단고 등
12월 22일(양력)	동짓날	팥죽, 골무떡, 호박떡 등
12월 30일	섣달그믐	온시루떡, 꼬리떡

• 1월 1일 설날

설날을 세수(歲首) 또는 연수(年首)라고 하며, 흰 떡국을 끓여 먹는 풍습은 흰색 음식으로 새해를 맞이함으로써 천지 만물이 새로 시작한다는 의미가 있고, 길게 늘어진 가래떡은 무병장수(無病長壽)와 새해 건강을 기원하는 뜻으로 먹는다. 아침에 먹는 떡국을 첨세병(添歲餅)이라 하는데, 그 이유는 떡국을 먹음으로써 나이를 한 살 더하게 되기 때문이다. 우리나라 4대 명절이며 그중에 가장 큰 명절로 친다.

• 1월 15일 정월 대보름

한 해의 첫 보름을 뜻하는 말로 음력 1월 15일을 의미한다. 정월 대보름은 우리나라 4대 명절 중 하나이며 음식으로는 오곡밥과 묵은 나물, 복쌈, 부럼, 귀밝이술 등과 함께 약식을 만들어 먹었다. 아침에 부럼을 깨물어 한 해 무사태평과 부스럼이 없기를 축수하였고 귀밝이술은 눈이 밝아지고 귓병이 생기지 않길 바라며 오곡나물은 영양을 조화롭게 공급받을 수 있게 하는 조상들의 지혜이다.

• 2월 1일 중화절

노비일(奴婢日)이라고 하며, 큰 송편을 만들어 일꾼들에게 나이 수대로 먹이는 풍습이 있었다. 한 해 농사일을 잘 해달라고 일꾼들을 격려하고 대접하는 의미가 있으며 이날 빚은 송편을 '노비송편' 또는 '삭일송편'이라 한다.

• 3월 3일 삼짇날

삼짇날은 봄을 알리는 명절로서 강남 갔던 제비가 돌아온다고 하며 뱀이 동면에서 깨어나 나오기 시작하는 날이라고 한다. 이날 진달래꽃을 따다가 화전을 만들기도 했고 녹두로 국수를 만들어 꿀물에 띄운 수면 등 시절음식을 장만하여 제사상에도 오른다. 그 외 시절음식으로 흰떡을 하여 경단모양을 만들어 구슬에 꿴 산떡이 있다. 또 찹쌀에 송기와 쑥을 넣어 만든 고리떡, 쑥을 따서 찹쌀가루에 섞어 쪄서 떡을 만들었는데 이것을 쑥떡이라 한다.

• 4월 5일 한식

한식(寒食)은 동지로부터 105일째 되는 날로 설날, 단오, 추석과 함께 4대 명절에 해당된다. 대개 양력 4월 5일 또는 6일에 해당되는 날이다. 한식의 대표적인 절식에는 어린 쑥을 넣어 만든 절편이나 쑥단자가 있으며, 느티나무에 새싹을 넣어 만든 느티떡과 장미꽃을 넣어 장미화전을 부쳐 먹었다.

- 5월 5일 단오

수릿날, 중오절 등 여러 이름으로 불렸으며, 음력 5월 5일 무더운 여름을 맞이하기 전의 초하(初夏)의 계절이며, 모내기를 끝내고 풍년을 기원하는 기풍제이기도 하다. 거피팥 시루떡을 만들어 단오차사를 지내고, 수리취를 뜯어 수리취 절편을 만들었는데 떡살이 수레바퀴 모양이라고 하여 차륜병(車輪餠)이라 불렀다. 그 외 햇쑥으로 버무려 만든 쑥버무리떡, 쑥절편, 쑥인절미 등 쑥의 향취로 봄을 느끼는 떡을 많이 해먹었다.

- 6월 15일 유두일

아침 일찍 밀국수, 과일, 떡 등을 만들어 농신께 풍년을 축원하였고, 흐르는 시냇물에 머리와 몸을 씻고 절식을 먹으며 하루를 시원하게 지낸다. 절식으로는 상화병이나 밀전병을 즐겼고 더위를 잊기 위해 흰떡을 둥글게 빚어 꿀물을 탄 음료수로 수단을 만들어 먹었다.

- 7월 7일 칠석

칠석은 양수인 홀수 7이 겹치는 날이어서 길일로 여기며, 견우(牽牛)와 직녀(織女)가 오작교(烏鵲橋)에서 한 해에 한 번씩 만나는 날이다. 이날은 올벼를 가묘에 천신하고 흰쌀로 만든 백설기를 즐겼으며, 삼복에는 깨찰떡, 밀설기, 주악, 증편을 많이 해먹었다. 더위에 증편을 즐긴 것은 술로 반죽하여 발효시킨 후 찐 떡이라 상하지 않기 때문이며, 주악 또한 기름에 지져 익히는 떡이라 쉽게 상하지 않으므로 많이 만들어 먹었다.

- 8월 15일 한가위

중추절, 추석이라고 불리며 1년 중 가장 큰 보름달을 맞이하는 명절이다. 추석은 수확의 계절을 맞이하여 풍년을 기원하는 의미가 있으며, 햇곡식으로 밥, 떡, 술을 빚어 조상에게 차례를 지내고 성묘를 하는 날이다. 햅쌀로 송편을 만드는데 송편을 찔 때 솔잎을 켜켜이 깔고 찌기 때문에 송편이라고 하며, 솔잎은 떡에 솔향기를 부여하고 방부효능이 있다고 한다. 이날 만드는 송편을 이르게 익은 벼 즉 올벼로 빚은 것이라 하여 '오려송편'이라 부른다.

• 9월 9일 중양절

　중양절은 조상의 기일을 정확히 모르는 경우와 추석 때 제사를 올리지 못한 집에서 지내는 제사로, 주로 떡을 하는데, 국화전을 만들기도 하고 삶은 밤을 으깨어 찹쌀가루에 버무려 찐 밤떡도 즐겨 먹었다. 이날 시인과 묵객들은 산에 올라 시를 읊거나 그림을 그리면서 풍국(楓菊)놀이를 즐기며 국화주나 국화꽃잎을 띄운 가양주를 마셨다.

• 10월 1일 상달

　일 년 중에 첫째가는 달이라 하여 '시월상달'이라고 하며, 시월에는 한 해의 농사가 끝나 하늘에 추수감사제와 집안의 풍요를 기원하는 제천의식(祭天儀式)을 거행하였다. 『동국세시기』에도 위의 말날 풍속 및 성주맞이 등을 기록하고 있다. 고사를 지낼 때 백설기나 붉은팥시루떡을 만들어 시루째 대문, 장독대, 대청 등에 놓고 빌었으며 이때에는 애단자와 밀단고도 빚어 먹었다.

• 12월 22일(양력) 동짓날

　동짓날은 음력으로는 11월이지만 양력으로는 12월 22일 무렵이며, 낮의 길이가 가장 짧고 밤이 가장 긴 날이라 절기상 죽어가던 태양이 다시 살아나는 날이다. 이날은 '작은설'이라고도 하며 특별한 떡을 만들지는 않으나 찹쌀경단을 넣은 팥죽을 먹는 풍습이 있다. 설날에 떡국을 먹어 나이를 한 살 더 먹는 경우와 같은 의미로 동지와 설날을 동격(同格)으로 본 것으로『동국세시기(東國歲時記)』에서도 동짓날을 아세(亞歲)라 하였다.

• 12월 30일 섣달그믐

　섣달은 음력 12월 마지막 달로 12월 30일을 섣달그믐이라고 하며 한 해의 마지막날 밤을 제야(除夜) 또는 제석(除夕)이라고 한다. 섣달은 납향(臘享)하는 날인 납일(臘日)이 들어 있다고 해서 납월(臘月)이라고도 하며, 납일은 천지신명에게 제사를 지내는 날로 동지 뒤 셋째 미일(未日)을 가리키는 세시풍속이다. 납월에는 골동반, 장김치 등과 함께 팥소를 넣은 색색의 골무떡을 빚어 나누어 먹었고, 온시루떡과 정화수를 떠놓고 고사를 지냈다. 계절마다 절기마다 음식을 만들어 먹었는데 떡은 그중 가장 중요한 음식으로 일 년 열두 달 떡을 해먹지 않는 달이 없을 정도였다.

8. 음식과 떡의 풍습

1) 떡과 유래

• 떡국

1819년 『열양세시기』, 1849년 『동국세시기』 등에 돈같이 썬 흰떡을 장국에 넣어 끓인 국으로 부모의 장수를 빌 때 긴 가래떡 위에 오색실을 감아 큰상 위에 올리기도 하며, 설날에 가래떡으로 떡국을 끓여 먹는 것도 장수를 기원하는 풍습이다.

시인 최남선의 『조선상식』에 따르면 상고시대 신년 제사 때부터 음복 음식에서 유래되었다고 하였으며, 『동국세시기』에는 떡국을 '백탕' 혹은 '병탕'이라 했는데 겉모양이 희다고 하여 '백탕', 떡을 넣고 끓인 탕이라 하여 '병탕'이라 했다.

떡국은 지방에 따라 다양해졌으며, 일정한 두께로 얇게 썰어 끓인 음식으로 무병장수를 기원하는 우리나라 전통음식이다.

• 한식(寒食)날

한식날에는 불을 피우지 않고 찬 음식을 먹는다는 여러 가지 설이 있는데, 중국고사에 이날은 비바람이 심하게 불어 불을 금하고 찬밥을 먹는 습관에서 유래되었다고 한다. 또 하나는 중국 춘추시대 진나라(晉)의 충신 개자추(介子推)의 혼령을 위로하기 위해서라고 한다.

개자추는 진(秦)나라 2대 국군 진문공(秦文公)과 19년 동안 망명생활을 함께하면서 충심으로 보좌했으며, 식량이 없어 문공이 굶주리자 자기 허벅지살을 도려내어 먹인 일도 있었는데, 문공이 군주의 자리에 오른 뒤 일 탓에 그를 잊어버리고 등용하지 않아 실망한 개자추는 면산(綿山)에 은거했다. 뒤늦게 사실을 깨닫고 개자추를 불렀지만 어머니와 함께 산에서 내려오지 않자 문공은 개자추를 산에서 내려오게 하려고 불을 질렀지만 나오지 않고 나무를 끌어안고 숨진 채 발견되었다. 이에 진문공이 그를 애도하는 마음으로 이날 하루는 불을 사용하지 말고 찬 음식을 먹으라는 영을 내려 사람들이 찬밥을 먹는 풍속이 생겼다는 것이 한식의 유래로 널리 알려져 있다.

• 대보름 음식

대보름 음식은 각각의 유래를 가지고 있는데, 오곡밥에 취나물을 싸서 먹는 복쌈풍습은 새해에 복을 받아 행복해지기를 바라는 마음이며, 묵은 나물반찬을 먹으면 더위를 타지 않는다는 뜻이 있다. 부럼 깨기는 잣, 호두, 은행, 땅콩 등 딱딱한 껍질을 깨물어서 각종 부스럼을 예방하고 이를 튼튼하게 해달라는 의미와 일 년 열두 달 무사태평을 기원하는 뜻이 있다. 정월 대보름 풍습은 추운 겨울 동안 부족했던 영양분을 보충하라는 조상들의 지혜가 담겨 있다. 오곡밥은 추운 겨울을 보내며 움츠렸던 신체에 영양소를 공급하려는 의미도 있지만 이웃집을 세 집 이상 다니면서 오곡밥을 나누어 먹으며 액운을 쫓고 풍성한 수확을 하려는 염원이 담겨 있다. 또한 귀밝이술이라 하여 청주 한 잔을 마시면 눈과 귀가 밝아지고 한 해 동안 좋은 소식을 듣는다고 한다.

• 붉은팥고물

붉은팥시루떡은 떡가루에 팥고물을 켜켜이 안쳐서 찐 떡으로 예로부터 붉은팥은 잡귀나 부정을 쫓는다는 의미가 있어 고사떡, 개업떡으로 자주 쓰였다. 또 귀신이 적색을 피한다 하여 아이 백일 때나 돌 때 붉은팥고물을 넣어 수수팥떡을 만들어 먹으면 삼신이 지켜주는 나이에 이르기까지 잡귀가 붙지 못하도록 예방하고 벽사(辟邪)하기 위한 의미가 담겨 있다. 동짓날에 붉은팥으로 죽을 쑤고 새알심을 넣어 나이 수대로 먹으면 재앙을 막는다고 하여 조상께 동지차례를 지낸 다음 방과 마루, 벽에 뿌리고 가족들이 먹었다.

• 노비송편

송편은 멥쌀가루를 익반죽하여 소를 넣고 반달모양으로 빚어서 시루에 솔잎을 켜켜이 놓고 찌는 우리나라 추석의 대표음식이다. 송편을 소나무 송(松)과 떡 병(餠)자를 써서 송병이라고 하였지만 자연스럽게 송편이라 불리게 되었다. 송편에 대한 기록은 17세기『요록(要錄)』에 "백미가루로 떡을 만들어 솔잎과 켜켜로 쪄서 물에 씻어낸다"라고 기록되어 있다. 또한 김한기의『묵은집(默隱集)』에도 팥소를 넣은 차기장 떡의 기록이 있다. 차기장도 송편의 일종인 것으로 보아 고려시대에 보편화된 음식으로 추측하고 있다.

송편은 햇벼로 빚은 송편이라 하여 오려송편이라 하고 또 농가에서 한 해 농사를 잘 부탁한다는 의미로 노비에게 나이 수대로 송편을 나누어주었는데 이것을 노비송편, 왕송편이라고 한다.

송편을 찔 때 사이사이에 솔잎을 켜켜이 넣으면 은은한 향이 배어 맛이 좋아지고 서로 달라붙지 않으며 솔잎의 피톤치드 성분이 방부역할을 하여 잘 상하지 않는다. 소나무 잎과 같이 사계절 변하지 않는다는 뜻도 있다.

• 백설기

멥쌀가루를 고물 없이 시루에 쪄낸 떡으로 흰무리떡이라고도 한다. 백설기는 티 없이 깨끗하고 신성한 음식이라 하여 어린 아이의 삼칠일, 백일, 첫돌의 대표적인 음식이다. 아이가 태어나 하얀 백설기와 같이 깨끗하고 건강하게 자랄 것을 바라는 부모의 마음에서 백설기를 상에 올리기도 하고 이웃들과 나누어 먹는 풍습이 있다.

• 인절미

찹쌀로 지에밥을 쪄서 안반에 놓고 떡메로 치는 도병(搗餠)으로 적당한 크기로 썰어 고물을 묻힌 떡이다.『규합총서(閨閤叢書)』에 "쌀을 옥같이 도정하고 100번 씻어라" 하였고, 또 "더운물에 담가 4, 5일 뒤에 건져서 무르녹게 찌라"고 하였으며, "흠뻑 불려야 찌는 과정에서 호화(糊化)가 잘되고 또 찌는 과정에서 완전히 호화시켜야 인절미에 멍울이 생기지 않고 보드랍기 때문이다."라는 기록이 있다.

공주 공산성에 인조가 이괄의 난을 피해 도망쳐 내려왔을 때 임씨네 집에서 바친 떡을 맛보고 떡의 이름을 물은 뒤 "그것 참 절미로구나"라고 해서 인절미가 되었다는 설이 있다. 또 다른 설은 인절병(引絶餠, 잡아당겨 썬 떡)이라는 한자어에서 나왔다는 추측도 있다.

• 주악

찹쌀가루로 떡을 만들어 속에는 팥소를 넣고 두 뿔이 나도록 빚어서 기름에 지져낸 떡으로 뿔을 가짜로 만들었다고 하여 조각(造角)이라 하여 각의 음이 악(岳)이 되어 조악(造岳)이 되고, 다시 지금의 주악이 되었다는 설과 주악이 조각 모양과 비슷한 조약돌 같다고 해서 주악으로 불리게 되었다는 설이 있다.

• 쇠머리떡

찹쌀가루에 여러 가지 재료를 섞어 버무려 찐 떡으로 식혀서 굳혀 썰었을 때 마치 쇠머리 편육처럼 생겼다고 하여 쇠머리떡, 모듬백이, 영양떡이라고 한다. 또 재래시장에서 떡이 한 김 나가 식은 뒤에 손님이 원하는 만큼 편육처럼 썰어서 팔아왔다고 하여 쇠머리떡이라고 하였다.

• 골무떡

절편과 같이 치는 떡의 한 종류로『열양세시기(洌陽歲時記)』에서는 "좋은 쌀을 빻아 체로 쳐서 고수레한 다음 시루에 쪄서 안반 위에 놓고 떡메로 쳐서 조금씩 떼어 손으로 비벼서 둥글고 길게 문어발같이 늘이는데 이것을 권모(골무떡)라고 한다."라고 기록되어 있다. 골무떡은 떡 반죽을 쳐서 가래떡으로 만든 뒤 손으로 비벼 골무모양으로 잘라 만든 떡으로 손으로 잡는다고 하여 "주먹 권(拳摸)과 잡아쥘 모(摸)"란 이름이 전래되어 골무떡으로 바뀐 것으로 추측된다.

2) 통과의례(通過儀禮)

통과의례란 사람이 태어나서 생을 마칠 때까지 행해지는 중요한 의례를 말한다. 이러한 의례에는 규범화된 의식이 있는데 여기에 음식이 빠지지 않는다. 음식 중에 떡이 주는 의미는 의례를 더욱 부각시켰고 떡이 풍속에 큰 영향을 주기도 하여 오늘날까지 계속 전해지고 있다.

• 삼칠일(三七日)

아이가 태어난 지 21일째 되는 날을 삼칠일이라고 하며 특별하게 보내는데, 이날은 스무하루날 즉 세(3)×이레(7)=세이레(21)라 한다. 아기가 출생한 7일째를 초이레, 14일째를 두이레라고 하며 21일째 세이레는 "칠"이라는 숫자를 길(吉)하게 여겼던 것에 관련이 있는 것으로 보인다. 음식은 흰밥과 미역국을 삼신에게 올리고 떡은 백설기를 준비하고 그 외 여러 가지 음식을 장만하여 일가 친척과 이웃을 초대해서 대접하기도 한다. 이날 금줄을 떼어 이웃 사람들의 출입을 허용하고 아기는 새 옷으로 갈아입고 두 손을 자유롭게 해준다. 금줄은 왼 새끼를 사용하고, 지역에 따라 차이가 있지만 숯과 종이, 성별에 따라 남자아이는 빨간 고추를, 여자아이는 솔가지를 함께 엮어 걸어둔다.

• 백일(百日)

아이가 출생한 지 백일째 되는 날로 백날이라고도 한다. 백일상에는 여러 종류의 음식을 풍성하게 차리고 백일 떡으로는 백설기와 수수경단, 오색송편을 올리는데, 백설기는 신성의 상징적 의미가 담겨 있고, 붉은고물수수경단은 적색이 액을 막는다는 의미가 담겨 있으며, 오색송편은 오행(五行), 오덕(五德), 오미(五味)와 같이 만물의 조화라는 의미를 담고 있다. 백일 떡을 받은 집에서는 돈이나 흰 실타래를 떡을 담아온 그릇에 담아서 답례하기도 한다. 또 백일 떡은 많은 사람이 먹을수록 아이의 명이 길어지고 복을 받아 수명장수(壽命長壽)한다고 생각하여 떡을 나누어주기도 한다.

• 돌(初度日)

　태어난 지 일 년이 되는 날로 첫 번째 생일을 "돌"이라고 하며 한자로는 돌을 초도일(初度日)이라 한다. 이날은 아이의 장수복록(長壽福祿)을 축원하며 나쁜 기운을 막아주고 오래살 것을 기원하는 의미로 오방색이 들어간 돌복을 만들어 입히고 떡과 음식으로 돌상을 차리고 돌잡이를 한다. 음식은 흰밥과 미역국, 국수 등을 준비하는데, 국수는 국수처럼 길게 오래살라는 의미가 있고, 백설기는 티 없이 맑은 신성함과 순진무구함의 의미가 있으며, 수수팥떡은 나쁜 기운을 물리치고 잡귀를 쫓아내는 의미가 있어 돌상에 빠져서는 안 되는 음식이다. 그 외 떡은 백설기, 붉은팥고물수수경단, 오색송편, 무지개떡 등이 있다.

• 책례(冊禮)

　아이가 서당에 다니면서 책을 한 권씩 뗄 때마다 자축과 격려하는 의미로 작은 오색송편과 음식을 만들어 선생님 · 친구들과 나누어 먹었다.

• 혼례(婚禮)

　남녀가 부부의 인연을 맺는 중요한 행사인데 혼례에는 의혼(議婚), 납채(納采), 납폐(納幣), 친영(親迎)의 사례(四禮)가 있으며, 여기에 문명(問名), 납길(納吉)을 더하여 육례의 여섯 단계로 보기도 한다. 납폐의식 때 함을 받기 위하여 신부집에서 봉치떡을 만드는데, 찹쌀 3되와 붉은팥 1되로 두 켜만 안치고 윗면 중앙에 대추 7개를 방사형으로 올리고 밤 1개를 놓는다. 봉치떡을 찹쌀로 하는 것은 부부의 금실이 찰떡처럼 화목하게 귀착되라는 뜻이며 붉은팥고물을 두 켜만 안치는 것은 부부 한쌍을 의미하며, 붉은팥은 액을 면하게 한다는 의미이고, 대추는 아들, 밤은 딸을 상징한다. 그 외 혼례 떡으로는 달떡, 용떡, 색떡이 있는데, 이와 같은 절편은 보름달처럼 밝고 모나지 않고 둥글게 채우며 잘 살라는 의미가 있으며 이바지떡으로는 인절미와 절편이 있다.

• 회갑(回甲)

자기가 태어난 해로 돌아왔다는 뜻으로 환갑(還甲)이라 한다. 열 십(十)자가 여섯에 일(一)이 하나 남으므로 61이 된다고 하여 화갑(華甲)이라 하기도 한다. 회갑상은 음식을 높이 고여서 담는 "고배상(高排床)" 또는 바라보는 상이라 하여 "망상(望床)"이라 하며 한국의 상차림 중에서 가장 화려하고 성대한 것이다. 음식은 과정류, 생과실, 정과류 등의 여러 가지를 만들었으며 떡은 갖은편이라 하여 백편, 꿀편, 승검초편 등을 만들어 높이 고여서 담고 그 위에 화전, 주악, 단자 등으로 웃기를 얹었다.

• **통과의례의 떡**

의 례	떡	의 례	떡
삼칠일	백설기	책례	오색송편
백일	백설기, 팥고물수수떡, 오색송편	혼례	봉치떡, 달떡, 용떡, 색떡
돌	백설기, 팥고물수수떡, 오색송편, 무지개떡	회갑	갖은편, 화전, 주악, 단자

3) 제례와 떡

모든 제사에서 행해지는 제상 차림은 고대부터 현대까지 이어오면서 다른 문화와 결합된 형태로 변모한 것으로 볼 수 있다. 떡은 제상의 가장 중요한 물목(物目) 중 하나였던 만큼 제례의 형식과 내용에 따라 그 종류와 모양새가 달랐다.

(1) 유교 제례와 떡

제례는 자손들이 고인을 추모하며 올리는 의식으로, 다양한 음식을 장만하여 차리고 떡은 높이 고여서 담고 그 위에 웃기떡으로 주악이나 단자를 올린다. 떡의 종류나 고임새는 지방마다 차이가 있지만, 떡은 중요한 음식의 하나로 녹두고물편, 꿀편, 거피팥고물편, 흑임자고물편 등의 편류로 준비한다.

• 종묘 제례의 떡

육기(六期)	떡
분병(粉餠)	쌀가루를 찌고 쳐서 길게 모나게 잘라 콩가루를 묻힌 떡(인절미)
삼식(糝食)	소, 양, 돼지고기 등을 잘게 썰어서 찐 흰 쌀가루에 섞어 기름에 지진 떡(유전병)
구이(糗餌)	쌀가루를 물로 반죽하여 둥글게 빚어 삶아 콩가루를 묻힌 떡(경단)
이식(酏食)	쌀가루를 술로 반죽하여 쪄낸 떡(술떡)
백병(白餠)	쌀가루를 찌고 쳐서 길게 모나게 자른 떡(가래떡, 절편)
흑병(黑餠)	차수수가루를 물로 반죽하여 익혀서 분병과 같은 크기로 자른 떡(수수떡)

(2) 불교 제례와 떡

초기 불교의 제사차림에는 차와 유밀과가 올려지는 헌물이었고 떡을 올리는 경우는 거의 없었는데 조선 초부터 다양한 음식문화의 영향을 받아 떡을 사용하게 되었다. 떡의 종류에는 인절미, 절편, 경단, 증편, 수수떡, 송편 등 다른 제례에 비해 종류가 많은 편이었지만 종파에 따라 떡의 종류나 모양이 달랐다. 조계종의 사십구재 상차림에는 거피팥편과 인절미가 주로 올려지고, 태고종에서는 흰절편과 쑥절편, 거피팥편, 백설기 시루떡이 주로 올려진다.

• 지노귀국 상차림의 떡

지노귀굿	내용	떡
시왕상	지옥을 다스리는 십대왕에게 차리는 상	증편(신떡)
물구가망상	여러 신(神)을 대접하는 상	멥쌀시루팥거피편, 화전
웃대감상	웃대감신들에게 차리는 상	통시루거피팥찰편
큰상 및 공상	장군과 망자를 위한 상	각색시루편, 화전, 주악
겻상	삼대의 조상을 위한 상	거피팥고물시루편
사자상	저승사자들을 위한 상	거피팥고물시루편

9. 옛 문헌과 떡

우리나라 음식에 관한 문헌은 고려시대까지는 찾아볼 수 없고 조선시대 중기 이후에 쓰여진 자료들이 대부분이다. 1600년대 말에 써진『음식미디방』부터 1952년에 출간된『우리나라 음식 만드는 법』에 이르기까지 옛 문헌들 가운데 떡에 관한 내용들을 수록했다.

1) 음식디미방(飮食知味方)

문헌 표지에는『규곤시의방(閨壼是議方)』이라 한자가 쓰여 있지만, 책의 내용 첫머리에는 음식미디방이라고 쓰여 있다. 1670년경 조선시대 안동 장씨 정부인(장계향)이 75세 때 며느리와 딸들에게 전래의 음식 조리법을 물려주기 위해 저술한 순한글 요리책으로 동아시아에서 최초로 여성이 쓴 요리책이다.

음식디미방에서는 고춧가루가 전혀 들어가지 않았으며 국수, 밀가루 음식 종류가 18가지, 어류나 육류 음식이 44가지, 그 밖에 술, 한과, 식초 등 총 146가지 음식을 설명했다.

고려 말에 등장한 발효떡인 상화(霜花)의 구체적인 조리법이 음식디미방에 처음 설명되어 있으며, 상화법은 밀가루를 체에 내려 따뜻하게 데운 막걸리를 넣고 반죽하여 발효시켜 거피팥소를 넣고 쪄서 만든 떡으로 상화떡이라고 한다.

증편은 기주떡으로 한국의 떡이다. 쌀가루에 술을 넣어 발효시키고 고명을 올려 쪄내는 방식으로 고명에는 밤, 대추, 잣, 깨, 석이버섯 등이 있다. 증편은 술 향기와 함께 맛이 나며 새콤한 풍미는 더운 여름에 시원한 느낌을 주고 술로 발효시켜 빨리 쉬지도 않아 주로 여름에 먹는 떡이다. 증편과 유사한 방식으로 만드는 상화는 고려시대에 먹었다는 기록이 있지만 증편은 언제부터 먹기 시작했는지 분명하지 않다.

잡과편법은 곶감과 삶은 밤, 대추, 잣 등을 짓두드려서 꿀과 찹쌀가루를 되직하게 반죽하여 삶아 고물을 묻혀서 가을철에 많이 만들어 먹던 음식이다.

수교애법은 오늘날 물만두와 비슷하며 표고버섯, 석이버섯, 오이를 가늘게 썰어 잣, 후춧가루로 양념하여 소를 만들고 밀가루를 베에 쳐서 국수처럼 반죽하여 얇게 밀어 놋그릇

굽으로 둥글게 도려내어 소를 가득 넣고 빚어 삶아 익으면 건져서 기름을 묻혀 초간장과 함께 낸다.

밤설기법은 밤을 그늘에 말려서 찧은 후 체로 쳐서 고운 가루로 만들어 찹쌀가루에 섞어 꿀물로 반죽하여 팥시루편처럼 안친다.

인절미(굽는 법)는 인절미 속에 엿을 한 치만큼 꽂아두었다가 만화(뭉근하게 타는 불)로 엿이 녹게 구워서 아침에 먹으며, 다식법은 볶은 곡물가루에 꿀, 참기름을 섞어 반죽하여 다식판에 박아내어 수키와(기와) 속에 모래, 종이를 깔고 다식을 얹은 후 암키와(평기와)로 덮어 서서히 굽는다.

2) 요록(要錄)

1680년경 음식의 조리법, 손질법, 저장법에 대해 기록한 조리서로서, 주식류 11종, 부식류 32종, 떡 16종, 후식류 13종, 술이 27종이 적혀 있다. 이때는 고추가 이용되지 않아 천초(산초나무) 향신료를 사용한 기록이 있다. 또한 용어나 조리법 등 토속적인 특이성이 많아 연대상 최고의 식경에 속하는 책이라고 할 수 있다.

건알판은 노릇하게 볶은 밀가루에 참기름을 동량의 꿀을 첨가하여 골고루 섞어서 찜솥에 익혀서 편으로 조각내어 잣가루를 떡 위에 뿌려 홍두깨로 밀어 적당한 크기로 썰며, 산약병은 마(서여)를 썰어 실녹두와 쌀가루를 섞어 밤톨만 한 크기로 둥글게 빚어 끓는 물에 삶아 익혀서 꿀이나 엿물을 바른 떡이다.

청병은 쑥잎을 잿물에 삶아 놓았다가 깨끗이 씻어 쌀가루에 쑥을 넣고 섞어서 시루에 찐 다음 안반 위에 놓고 기름을 발라 틀에 찍어내며, 수자는 겉녹두를 물에 충분히 불려 곱게 갈아 기름 두 홉을 바르고 오리알을 소로 넣으며 수저로 떠 놓아 지진다.

소병은 밀가루에 참기름, 탁주, 물로 반죽하여 반죽 위에 꿀을 바르고 잣가루와 들깨를 묻혀서 솥에 넣고 떡색이 누렇게 구워지게 익히는 떡이며, 송고병은 소나무 속껍질을 벗겨 물에 충분히 불려서 연하게 삶아 물기를 짜서 곱게 다져 숙송고(熟松古)를 만들어 찹쌀밥에 합하여 안반에서 숙송고가 없어질 때까지 친다.

3) 주방문(酒方文)

　　주방문은 1600년대 말에 편찬된 것으로 짐작하며 책 제목이 『술 만드는 법』이지만 술 만드는 법 외에도 음식 조리와 가공법 등을 소개한 조리서로서 우리 고조리서 중 책 값이 표시된 유일한 책이기도 하다. 주방문에는 술에 관련된 것 28종, 음식 만드는 법 46종으로 모두 74종의 조리법이 기록되어 있으며 염색법 4종이 포함되어 있다. 음식 조리법에는 떡과 찬물류, 채소 저장법이 있으며 나머지 음식은 안주로 삼을 수 있는 주안상의 찬품인 것으로 술과 함께 주안상에 오를 음식을 함께 수록한 것으로 보인다.

4) 음식보(飮食譜)

　　조선시대(1700년대)에 편찬된 한글 요리책으로 주류가 12종, 반찬류가 12종, 만두와 상화 3종, 병과류가 8종 등 총 35종의 음식 조리법이 기록되어 있다. 병과류에는 기증편법, 잡과병, 모피편법, 모밀편법, 유화전법이 있고 정과에는 생강정과법, 동화정과법, 모과정과법 등이 있다.

5) 산림경제(山林經濟)

　　조선후기 실학자 홍만선이 농업기술과 일상생활에 관한 내용을 기록한 농업서 또는 가정생활서로 특용작물의 경작법과 채소류 재배법, 식품저장과 조리가공법, 흉년대비 등 16개 항목에 걸쳐서 설명하고 있다. 그중에 떡은 곶감떡과 밤떡, 방검병, 석이병법, 풍악의 석이병을 서술하였는데 방검병(防儉餠)은 밤, 붉은 대추, 호두, 감으로 만든 떡으로 4가지 과일의 껍질과 씨를 제거하고 절구에 곱게 찧어 반죽에 혼합해서 떡을 빚어 햇볕에 말려두었다가 흉년용으로 사용된다.

6) 규합총서(閨閤叢書)

　　가정살림에 대한 조리서로서 1809년 빙허각 이씨가 주사의(酒食議) · 봉임측(縫紝則) · 산가락(山家樂) · 청낭결(靑囊訣) · 술수략(術數略) 등으로 나누어 기록했다. 주사의에는 장 담그기, 술 빚기, 밥, 떡, 과즐, 반찬 만들기가 수록되어 있다. 규합총서에 기록된 여러 종류의 떡 중에 혼동병은 찹쌀가루에 꿀과 계핏가루를 넣고 찌는 떡인데 거피팥고물을 볶아서 소를 만드는 과정, 안치는 순서와 찌는 시간 등이 오래 걸리는 까다로운 떡이다. 잡과편은 대추와 건시는 얇게 저며 말려서 가늘게 채 썰고 밤은 채 썰어 같이 섞어 찹쌀가루를 익반죽하여 구멍떡을 만들어 삶아 건져 꿀물을 묻혀가며 꽈리가 일게 친다. 찰떡으로 소를 넣고 반죽을 얇게 빚어 채 썬 과일과 잣가루를 묻히는 떡이다.

7) 시의전서(是議全書)

1919년 조선 후기의 음식조리법을 잘 분류하여 조선 말기의 식품을 한눈에 볼 수 있게 정리한 책으로 상판에는 장, 김치, 밥, 죽 종류, 반찬류 등이 수록되어 있고, 하편에는 전, 편, 조과, 생실과, 약주 등을 포함해서 반상도식까지 수록되어 있다. 임금님 생신날 올렸던 두 텁떡은 거피팥을 쪄서 간장과 꿀을 넣고 볶아서 만든 거피팥고물에 찹쌀가루를 한 수저씩 놓고 소를 넣은 후 그 위에 다시 찹쌀가루를 올리고 팥고물을 얹어 찐 떡이다.

8) 규곤요람(閨壼要覽)

조선 말기의 조리법으로 주식류 5종, 부식류 11종, 떡 4종, 정과류 6종, 저장식품 가루 만들기 2종과 고추장 담그는 법이 기록되어 있으며, 천일주법(千日酒法), 목맥작법(木麥作法) 등의 고무도장이 찍혀 있는 것이 이색적이며 다른 조리서에 비해 교자상 꾸미는 법에 대한 설명이 특색 있다. 떡으로는 곱창떡은 멥쌀가루에 색염을 들여 반죽하여 조금씩 떼어 장지(壯紙) 두께만 하게 밀어서 콩가루를 거피하여 볶아 작말(가루내는 것)하고 꿀에 반죽하여 소를 넣고 손가락 너비만큼 만들어 큰상과 술상에 올린다.

9) 부인필지(夫人必知)

조선 후기에 소개된 신토불이 약선 요리책으로 상권은 음식론, 약주제품, 반제품, 병과류, 어육품 등 12종목으로 되어 있고, 하권은 의복, 도침법 등 8종목과 나머지 물류상감까지 총 30장 분량으로 되어 있는 소책자이다. 병과 중에 원소병은 찹쌀가루를 익반죽하여 경단처럼 빚어 소를 넣고 녹말가루를 묻혀 삶아 익혀서 찬물에 헹궈 꿀물을 붓고 잣을 띄우는 떡으로 하북의 원소가 만들어 먹은 명나라의 원소병이다.

10) 조선무쌍신식요리제법(朝鮮無雙新式料理製法)

위관(韋觀) 이용기가 지은 한국 최초의 색을 도입한 요리책으로 조리 및 가공법에 관한 내용으로 1924년에 출간되어 1943년에는 4판이 나올 정도로 인기 있는 요리책이다. 조선무쌍은 '조선요리 만드는 법으로 이만한 것은 둘도 없다'라는 뜻으로 『임원십육지(林園十六志)』 정조지(鼎俎志)를 바탕으로 새로운 조리법, 가공법에 서양, 중국, 일본요리법을 간단히 덧붙였다. 서문에는 손님을 대접하는 법 등이 나오고 본문에는 술 담그는 조리법과 밥, 국 등 찬류를 소개하였고 후반부에는 잡록과 부록 그리고 양념, 가루 만들기 등과 서양요리, 중국요리 내지(內地) 요리 만드는 법이 소개되어 있다.

10. 지역 향토떡

1) 서울 · 경기 지역

서울은 가장 가까운 농수산물의 산지이기도 하고, 경기도는 경기평야, 김포평야, 평택평야 등에서 질 좋은 농산물이 많이 생산되는 지역이다. 쌀과 수수 등으로 다양한 떡을 만들 수 있으며 특히 굴이 많이 생산되는 해안에서는 굴떡을 만들어 먹었다. 고려시대 수도인 개경의 영향을 받아 화려한 떡이 많이 전해지고 있다.

• **대표적인 떡**

떡 종류	내용
색떡	멥쌀가루로 절편을 만들어 각색을 넣어 쳐서 여러 모양을 만들어 혼례상, 잔칫상 등에 웃기떡으로 사용한다.
여주산병	멥쌀가루를 쪄서 흰떡을 만들어 쳐서 얇게 밀어 소를 넣고 개피떡처럼 보시기로 찍어 만두모양으로 양끝을 모아 붙여 만들어 웃기떡으로 쓰기도 한다.

우메기	찹쌀가루에 멥쌀가루를 조금 섞어 탁주로 숙성시킨 후 반죽하여 5cm 정도로 동글납작하게 빚어 기름에 노릇하게 지져 꿀에 재운 떡으로 개성에서 전해 내려오는 떡이다.
우찌지	찹쌀가루를 익반죽하여 경단처럼 빚어 기름에 지진 떡으로 색을 넣어 만들기도 하며 떡 위에 고명을 올려 화려하고 아름다운 떡이다.
개성주악	만드는 방법은 우메기와 같으나 모양은 둥글넓적하게 빚어 기름에 지져 꿀에 담갔다가 떡 위에 통잣으로 모양을 내어 폐백음식이나 이바지 음식으로 사용한다.
근대떡	찹쌀가루와 멥쌀가루에 근대를 섞어 버무려 시루에 찐 떡으로 근대의 달짝지근한 맛을 음미할 수 있는 떡이다.
백도령김치떡	찹쌀가루에 메밀가루를 섞어 찐 후 밀가루를 섞어 반죽해서 만두피처럼 동그랗게 밀어 굴과 김치 소를 넣고 만두처럼 빚어 쪄서 참기름을 바르는 떡으로 굴과 새콤한 김치가 어우러진 독특한 맛이 특색이다.
개성조랭이	누에고치 모양에 가운데 움푹 들어가 조롱박 같다고 하여 조랭이떡이라고 하는데 주로 떡국을 끓여 먹으며 멥쌀가루를 쪄서 손가락 굵기로 둥글면서 길쭉하게 2cm 정도 길이로 빚는다.
개떡	보릿가루에 파, 간장, 참기름으로 반죽하여 절구에 찧어 찌는 떡으로 강화 부근에서 많이 해먹는 떡이다.

2) 경상도 지역

동해와 남해를 끼고 있어 수산물이 많으며 중남부 지역에는 낙동강이 있어 평야가 발달해 갖가지 농산물이 풍부한 편이다. 해안지방에서는 고기라 하면 물고기를 가리킬 정도로 생선을 즐겨 먹고 음식 중에 해산물회를 제일로 여긴다. 상주, 문경 지역은 떡에 밤, 대추, 감, 오미자, 모시풀, 소엽 등을 넣어 사용하는 편이고 특히 상주에서는 홍씨를 떡가루에 섞어 설기떡, 편떡 등을 만들어 먹으며 밀양에서는 쑥을 넣은 쑥굴레가 유명하다. 마천마을에서는 감자를 이용하여 송편을 만들기도 하며, 거창에서는 망개잎을 깔고 송편을 찐다.

• 대표적인 떡

떡 종류	내용
감단자	감을 삶아 체에 거르고 생강 삶은 물에 찹쌀가루와 계핏가루, 설탕을 섞어 쪄서 친 다음 동부고물을 묻힌 떡으로 잔치음식으로 사용된다. 대추 크기로 썰어 대추채, 석이채, 깨 등에 고물을 묻혀 보기에도 화려하고 찹쌀이라 잘 굳지도 않는다.

상주설기	멥쌀가루에 홍시를 섞어 시루에 찐 떡이다.
모시잎설기	멥쌀가루에 모시잎을 삶아 섞어 반죽해서 소를 넣고 송편으로 빚어 찐 다음 참기름을 바른다.
감자송편	감자가루를 익반죽하여 송편으로 빚어 소를 넣고 양면에 손자국을 내고 투명해질 때까지 쪄서 찬물에 헹구어 참기름을 바른다.
망개떡	찹쌀가루를 반죽하여 쳐서 소를 넣고 반달모양으로 빚어 두 장의 청미래잎으로 감싸 찌는 것이 특징이며 청미래덩굴의 방언인 망개나무에서 유래되었다.
부편	찹쌀가루를 익반죽하여 소를 넣고 경단모양으로 둥글게 빚어 쪄서 곶감채, 녹두고물 등을 묻힌 떡이다. 소는 콩가루에 꿀과 계핏가루를 섞어 만들며 밀양지방의 웃기떡이다.
쑥굴레	찹쌀가루를 쪄서 삶은 쑥을 넣고 친 다음 소를 넣고 둥글게 빚어 녹두고물을 묻혀 조청을 찍어 먹는 떡으로 소와 고물 모두 녹두고물을 사용하는 것이 특색이다.
칡떡	칡뿌리를 절구통에 찧어 칡앙금을 만들어 말려 멥쌀가루와 섞어 쪄서 만든 떡이다.
호박범벅	익힌 늙은 호박에 삶은 팥과 덩굴콩을 넣고 끓이다가 멥쌀가루와 찹쌀가루를 넣고 섞어 주면서 끓인다.
곶감화전	찹쌀가루에 감껍질가루를 섞어 익반죽하여 화전처럼 둥글납작하게 빚어 기름에 지지면서 꽃잎모양을 한 곶감을 고명으로 올리는 떡이다.

3) 충청도 지역

호서지방이라고 하며 우리나라 삼대 곡창지대의 하나인 논산평야를 비롯하여 기름진 농토가 있어 쌀, 보리 등의 곡류를 중심으로 농산물이 풍부하다. 백마강 유역은 농경에 적합하여 삼국시대 당시 신라는 보리, 고구려는 조, 백제는 쌀이라고 할 만큼 쌀 생산량이 많았던 곳이다. 해안지방에서는 각종 민물고기와 산채, 버섯들을 맛볼 수 있고, 내륙의 산간지대에서는 칡, 버섯, 도토리 등을 이용한 떡도 만들어 먹었다. 찹쌀과 콩으로 만든 쇠머리떡이 특히 맛있기로 유명하고 늙은 호박이 많이 생산되어 호박죽, 호박꿀단지, 범벅을 만들어 먹기도 하고 떡에도 이용된다.

• **대표적인 떡**

떡 종류	내용
꽃산병	멥쌀가루에 물을 주어 찐 후 절구에 쳐서 둥글납작하게 모양을 만들어 색을 넣은 떡을 조금씩 떡 위에 얹어 놓고 떡살로 눌러주면 예쁜 모양의 꽃산병이 된다.

쇠머리떡	찹쌀가루에 밤, 대추, 감 말린 것을 썰어 섞고 시루에 불린 콩과 삶은 팥을 놓고 찐 떡으로 썰었을 때 모양이 쇠머리 편육과 같다고 하여 쇠머리떡이라 한다.
약편	멥쌀가루에 대추앙금과 술을 넣고 비벼서 체에 내린 뒤 설탕을 넣고 찜통에 편편하게 놓은 다음 밤채, 대추채, 석이채를 고물로 얹어 찐다.
호박떡	호박고지에 설탕과 소금으로 버무려 멥쌀가루와 섞어 거피팥고물이나 붉은팥고물로 켜켜이 얹어 찌는 떡으로 가을에는 늙은 호박을 섞어 찌기도 한다.
호박송편	멥쌀가루에 호박가루를 섞어 익반죽한 뒤 소를 넣고 송편을 빚어 찐 떡으로 호박의 노란빛이 보기도 좋고 맛도 좋다.
장떡	찹쌀가루에 간장, 고춧가루, 후춧가루 등을 넣고 반죽하여 반대기만 하게 만들어 기름에 지져낸다.
햇보리개떡	보릿가루에 참기름, 파, 간장을 넣고 반죽하여 절구에 찧고 반대기 모양으로 만들어 쪄내는 떡으로 충주지방에서 많이 해먹기 때문에 충주개떡이라고 한다.
도토리떡	도토리가루와 차수수가루를 섞어 소금과 설탕으로 간을 하여 고물을 켜켜이 얹어 시루에 찐 떡으로 산간지방에서 많이 해먹는 떡이다.
사과버무리떡	사과를 말려 가루내어 멥쌀가루에 섞어 밤, 대추, 검은콩, 설탕 등을 넣어 섞어준 다음 대추와 잣을 얹어 찐 떡이다.

4) 강원도 지역

한반도 중앙부의 동측에 태백산맥을 중심으로 영서지방과 영동지방으로 나뉘며, 영서에서는 농작물, 영동에서는 수산물이 많이 생산되어 이를 이용한 음식이 발달되었지만 극히 소박하고 사치스럽지 않은 음식들이다. 농촌에서 생산되는 감자, 메밀, 강냉이, 도토리 등 밭작물과 산를 이용하여 만든 떡이 발달한 것도 특징이다. 지역적으로 보면 영동에서는 송편, 인절미, 절편을 주로 만들며, 영서에는 화전마을이 많고 옥수수, 조, 수수, 메밀, 감자로 만든 떡이 많아 주악, 경단 등은 웃기로 쓰고 옥수수의 생산이 많아 옥수수가루에 잡곡을 섞어 만든 잡곡 설기떡을 해먹는다.

• **대표적인 떡**

떡 종류	내용
감자시루떡	감자를 갈아 앙금을 만들어 웃물을 조금 섞어 삶은 팥과 콩을 버무려 시루에 켜켜이 안쳐 찐 떡으로 강원도 사람들이 일상적으로 해먹는 떡이다.

감자녹말송편	감자를 갈아 건지에 앙금과 불린 콩을 섞어 말랑하게 반죽하여 쪄내면 색이 거무스름한 찐빵처럼 된 떡이다.
언감자떡	언 감자를 썰어 말려서 가루를 내어 익반죽한 뒤 팥고물을 넣어 손가락 자국이 나게 눌러 모양을 낸 다음 떡이 투명하도록 쪄서 참기름을 바른다.
옥수수 보리개떡	옥수수가루와 보리겨에 어린쑥이나 강낭콩을 섞어 반죽해서 반대기를 지어 찐 떡으로 보릿고개를 넘기 어려운 서민들의 식사대용으로 만들어 먹던 떡이다.
메밀전병	메밀가루는 묽게 반죽하여 번철에 동그랗게 펴서 소를 넣고 익혀내는 떡으로 소는 김치와 돼지고기를 볶아서 넣기도 하고 숙주, 갓김치, 두부 등을 이용하기도 하며 먹을 때는 썰어서 초장을 곁들인다.
무송편	무는 채쳐서 소금에 살짝 절인 뒤 물기를 짜서 고춧가루 등으로 양념을 하고 피는 송편보다 조금 크게 빚어 만든 떡으로 맛이 얼큰하여 주객들이 즐기는 떡이다.
구름떡	찹쌀가루에 익힌 밤과 호두, 잣, 강낭콩 등을 섞어 사각틀에 팥가루를 묻혀 모양낸 떡으로 겹쳐진 모양이 구름 같다고 해서 구름떡이라 한다.
각색차조 인절미	쑥과 수리취를 삶아 말려 가루로 만들고 감고지도 말려 가루를 만들어 불린 차조에 각각 섞어 찐 다음 안반에 쳐서 고물을 묻힌 떡으로 흑임자, 팥, 콩, 보릿가루 등의 고물을 만들어 다양한 색을 낸다.
호박단자	찹쌀가루에 삶은 늙은 호박을 섞어 반죽하여 찐 다음 쳐서 대추와 유자청건지 등 소를 넣어 동그랗게 빚어 고물을 묻힌 떡이다.

5) 전라도 지역

한반도 최대의 곡창지대로 '호남에 가뭄이 들면 온 나라가 굶어 죽는다'는 말이 있을 정도로 쌀의 중심지로 곡물의 생산이 많은 지역이다. 전라도는 풍부한 곡식과 해산물, 산채 등의 식재료가 다른 지방에 비해 많고 음식의 가짓수가 많으며 음식이 호화로운 편이다. 어느 지방에서도 따를 수 없는 풍류와 맛의 고향이다. 전라도는 조선왕조의 양반풍을 이어받아 반가에서는 음식 솜씨가 각별하여 전통음식이 고스란히 전수될 수 있었다. 떡 또한 감과 약초를 이용하여 다양하고, 어느 지역보다도 화려한 것이 특징이다.

• 대표적인 떡

떡 종류	내용
감시리떡	감껍질가루와 설탕을 쌀가루에 섞어 거피팥고물을 켜켜이 얹어가며 시루에 찐다.

전주경단	찹쌀가루를 반죽하여 둥글게 빚어 밤, 대추, 곶감을 곱게 채 썰어 고물로 사용한 호화로운 떡이다.
해남경단	찹쌀가루를 반죽하여 둥글게 빚어 석이채와 생강채가 들어가는 것이 특이하다.
나복병	무를 얇게 썰어 소금물에 담갔다가 건져 쌀가루를 묻히고 시루에 붉은팥고물을 깔고 무를 올리고 다시 고물을 올려 찐 떡이다.
복령떡	복령가루와 설탕을 쌀가루에 섞어 시루에 거피팥고물이나 잣가루를 고물로 얹어 찐 떡이다.
수리취개떡	수리취의 잎을 쌀가루에 섞어 삶아 친 것을 밀가루에 섞어 반죽하여 개떡처럼 쪄서 먹는다.
섭전	찹쌀가루에 소주물을 넣어 되직하게 반죽하여 둥글납작하게 빚어 번철에 지지다가 밤채, 석이채, 대추대를 올려 지져내어 설탕을 뿌린다.
콩대끼떡	찹쌀가루에 콩고물을 켜켜이 놓고 찐 떡으로 쌀가루를 얇게 펴서 안친다.
우찌지	찹쌀가루를 되직하게 반죽하여 둥글납작하게 빚어 번철에 지지면서 소를 넣고 양쪽으로 접어서 익혀내어 밤채, 대추채, 잣을 고명으로 올린다.

6) 제주도 지역

제주도는 해촌, 양촌, 산촌으로 구분하며 해촌은 해안에서 고기를 잡아 어업을 하고, 양촌은 평야 식물지대로 농업을 중심으로 하고, 산촌은 산을 개간하여 농사를 짓거나 한라산에서 산채를 채취하여 생활한다. 쌀은 거의 생산되지 않고 콩, 보리, 조, 메밀, 고구마 등이 많이 생산되어 쌀로 만든 떡은 명절이나 제사 때 특별한 날에만 만들고 평소에는 밭작물로 만든 떡을 주로 해먹었다. 제주도에는 고구마를 '감제'라고 부르는데 고구마 전분으로 떡을 만드는 것이 특이하다.

• 대표적인 떡

떡 종류	내용
빙떡	메밀가루에 물을 넣고 묽게 반죽하여 번철에 얇게 펴서 무생채 소를 가운데 놓고 말아 부친 떡으로 길이가 약 10cm 정도 되며 양념장에 찍어 먹으면 메밀과 무채의 맛이 독특하다. 요즘에는 기호에 따라 다양하게 소를 넣기도 한다.
오메기떡	차조가루를 반죽하여 5cm 정도 둥글게 빚어 가운데 구멍을 내고 쪄서 고물을 묻히기도 하고 반죽을 떼어 삶아서 팥고물을 묻히기도 한다.

상애떡	밀가루에 술을 넣고 반죽하여 발효시킨 뒤 팥소를 넣고 둥그게 빚어 찐 떡으로 오늘날 찐 빵과 비슷하다.
조쌀시리	좁쌀가루와 멥쌀가루를 켜 없이 번갈아 시루에 안쳐서 찌는 떡으로 자르지 않고 시루를 뒤집어 편틀에 담는다.
돌래떡	메밀가루를 되직하게 반죽하여 동글납작하게 빚어 끓는 물에 삶아 건져 참기름을 바르는 떡으로 장지에서 식사대용으로 하는 떡이며 제주도에서는 떡에 거의 간을 하지 않는다.
조침떡	좁쌀가루에 고구마채 또는 호박채를 섞어 팥고물을 얹어 설기처럼 찐 떡으로 구수하고 고구마의 단맛이 어우러져 맛있는 떡이다.
빼대기떡	생고구마를 썰어 말려서 가루전분을 만들어 반죽한 뒤 송편처럼 빚어서 찐 떡이다. 감제떡이라고도 하는데 이는 고구마가 제주도 방언으로 감제이기 때문이다.
은절미	인절미의 제주도 방언은 은절미로 멥쌀가루를 익반죽하여 얇은 정사각형으로 밀어 시루에 솔잎을 깔고 켜켜이 안쳐 찐 떡이다.
속떡	쑥떡의 방언으로 쑥이 속병에 좋다 하여 연한 쑥을 뜯어다가 떡, 범벅, 자배기 등을 만들며 쑥을 쌀가루, 메밀가루, 보릿가루, 고구마가루 등에 섞어 찐 떡으로 약떡이라고도 한다.

7) 황해도 지역

크고 작은 평야가 많은 북쪽지방의 곡창지대로 쌀 생산이 많고 잡곡의 질이 매우 뛰어나 왕실의 공어미(貢御米)로 사용되었다. 쌀 외에도 알이 굵고 차진 메조 등 잡곡의 질도 좋고 생산량도 많다. 과일도 많이 재배되는데 특히 배와 사과, 복숭아는 해주, 밤은 수안이 유명하다. 쌀과 잡곡이 풍부하여 떡이 다양하게 발달되었지만 모양은 사치스럽지 않고 소박하며 구수한 떡이 많은 것이 특징이다. 인심이 후한 만큼 떡의 모양도 푸짐하고 큼직하다.

• 대표적인 떡

떡 종류	내용
잔치메시루떡	멥쌀가루에 고물을 켜켜로 얹어 찐 떡으로 의례(儀禮) 때 주로 만들며 경사에는 흰깨고물, 제사에는 검은깨고물을 한다.
오쟁이떡	찹쌀가루를 찜통에 쪄서 절구에 쳐서 반죽을 달걀크기만큼 빚어 팥소를 넣고 오므려 콩가루를 묻힌다.

큰송편	멥쌀가루를 익반죽하여 일반 송편보다 다섯 배 정도 크게 빚어 소를 넣고 오므려 손자국을 내는 것이 특징이다.
닥알떡 (닭알떡)	멥쌀가루를 반죽하여 거피팥소를 넣어 달걀 모양으로 빚어 끓는 물에 삶아 건져 팥고물을 묻힌 떡으로 달걀과 비슷하게 생겼다고 닭알떡이라고 불린다.
혼인인절미	혼인 인절미는 연안 곡창지대에서 나오는 곡식으로 혼례 때 많이 만들며 떡이 큼지막하고 푸짐하여 이바지로 사돈댁에 보낸다. 만드는 방법은 일반 인절미와 같다.
잡곡부치기	흰콩가루에 멥쌀가루를 섞어 반죽하여 돼지고기와 김치소를 만들어 부꾸미처럼 반달로 접어 지지거나 녹두지지미처럼 둥글넓적하게 지진다.
수제비떡	팥고물을 삶아 자작해지면 밀가루로 반죽한 수제비를 뜯어 넣어 익히는 떡이다.
장떡	찹쌀가루에 된장과 여러 가지 재료를 넣고 반죽하여 동글납작하게 빚어 말려 지진 떡이다.

8) 평안도 지역

서해안은 해산물이 풍부하고 동쪽은 산세가 험하나 넓은 평야에 건답재배라는 독특한 미작법을 이용해 논 면적에 비해 곡식이 비교적 잘 되는 편이며 농산물로는 쌀, 조, 수수, 옥수수, 대두 등의 잡곡이 생산된다. 예부터 중국과 교류가 많은 지역으로 사람들의 성품은 진취적이며 떡을 비롯한 음식의 솜씨도 먹음직스럽게 크게 하며 푸짐하게 만드는 것이 특징이다.

• **대표적인 떡**

떡 종류	내용
송기절편	멥쌀가루에 송기를 섞어 쪄서 절편을 만들거나 소를 넣어 개피떡을 만들어 단오음식으로 송기떡을 만들어 즐겼다.
골미떡	멥쌀가루에 각각의 색을 넣어 만든 절편으로 돌잔치 때 만드는 떡이다.
꼬장떡	좁쌀가루를 되직하게 익반죽하여 둥글납작하게 빚어 끓는 물에 삶아내어 헹구고 참기름을 바른 뒤 콩고물이나 팥고물을 묻혀 만든다.
뽕떡	멥쌀가루를 반죽하여 가름하면서 납작하게 빚어 뽕잎을 맞붙여 쪄낸 떡으로 저장성이 좋아 여름철에 즐겨 먹는다.
놋티	찰기장가루, 차수수가루, 찹쌀가루를 섞어 익반죽해서 엿기름에 대여섯 시간 정도 삭혀 참기름에 지져 식혀서 설탕을 묻혀 항아리에 보관하여 먹는 떡으로 달콤새콤하면서 독특한 맛이 특징이다.

강냉이골무떡	강냉이가루를 익반죽하여 골무모양으로 빚어 찐 떡으로 차지게 잘 치대야 겉면이 매끈하다.
녹두지짐	간 녹두에 돼지고기와 김치를 섞어 지진 지짐으로 돼지비계의 구수한 맛이 별미이다.

9) 함경도 지역

동쪽지방은 개마고원이 있는 산간지대가 대부분이지만 평야가 조금 있어 논농사는 적지만 밭농사를 많이 한다. 밭곡식 중에 콩의 품질이 뛰어나고 잡곡의 생산량이 많아 이 지역의 떡은 잡곡을 이용한 것이 많고 모양에 기교를 부리거나 장식을 하지 않는다. 소박하고 맛이 구수하다.

• 대표적인 떡

떡 종류	내용
함경도인절미	찹쌀가루를 익반죽하여 쪄서 고물을 묻히지 않고 두었다가 먹을 때 조금씩 썰어 고물을 묻혀 먹는다.
기장인절미	기장쌀을 쪄서 대충 찧은 다음 동글납작하제 빚어 거피팥고물을 묻힌다.
달떡	멥쌀가루를 쪄서 친 흰떡으로 둥글게 만들어 줄무늬 나무판으로 찍어 참기름을 칠한 떡이다.
언감자떡	언 감자를 말려 가루를 만든 뒤 익반죽해서 팥소를 넣고 송편처럼 빚은 뒤 쪄서 참기름을 바른다.
가랍떡	수수가루를 반죽하여 조금씩 떼어 가랍잎으로 싼 뒤에 쪄서 콩고물을 묻힌 떡으로 조선시대에 구황음식으로 가랍잎 대신 옥수수잎을 사용하기도 했다.
콩떡	간 콩에 멥쌀가루를 섞어 반죽한 뒤 둥글납작하게 빚어 찐 떡이다.
깻잎떡	멥쌀가루를 익반죽하여 들깻잎 사이에 반죽을 조금씩 넣어 반으로 접기도 하는데 들깻잎 향이 배서 맛이 특별하다.
귀리절편	고원지대에서 나는 귀리를 이용하여 멥쌀가루를 섞어 만든 절편으로 다른 지방에서 흉내내기 어려운 별미떡이다.

1. 가래떡을 얇게 썰어 끓인 떡으로 먹으면 나이를 더하게 된다는 뜻의 떡은?

   ① 차륜병
   ② 첨세병
   ③ 경단
   ④ 봉채떡

2. 살균작용의 강도가 가장 큰 것은?

   ① 멸균
   ② 소독
   ③ 살균
   ④ 방부

3. 떡의 주재료로 옳은 것은?

   ① 찹쌀, 멥쌀
   ② 사과, 차조
   ③ 흑미, 아몬드
   ④ 밤, 현미

4. 삶는 떡으로 짝지어진 것은?

   ① 오메기떡, 빙떡
   ② 경단, 송편
   ③ 골무떡, 계강과
   ④ 경단, 단자

5. 종류가 다른 하나는?

   ① 백설기
   ② 쑥설기
   ③ 웃기떡
   ④ 콩설기

6. 떡의 표기와 한자가 맞지 않는 것은?

   ① 증병(甑餅)
   ② 도병(搗餅)
   ③ 유병(油瓶)
   ④ 전병(煎餅)

7. 약식의 재료로 적당하지 않은 것은?

   ① 참기름
   ② 멥쌀
   ③ 간장
   ④ 황설탕

8. 쌀가루 보관방법으로 옳은 것은?

   ① 비닐로 봉합하여 냉장고에 보관한다.
   ② 플라스틱 통에 담아 냉장고에 보관한다.
   ③ 플라스틱 통에 담아 실온에 보관한다.
   ④ 비닐로 봉합하여 냉동고에 보관한다.

9. 약식에 대한 설명이 아닌 것은?

   ① 찹쌀을 쪄서 간장, 황설탕, 잣, 밤, 대추

등을 넣어서 만든다.

② 소지왕은 까마귀에 대한 감사의 마음으로 찰밥을 지어 답례를 했다.

③ 약식은 삼국시대에 발전하였다.

④ 약식은 약반이라고 하며 정월 대보름에 먹는 절식이다.

10. 삼국사기에 유리와 탈해가 왕위를 사양하다가, 떡을 깨물어 잇자국이 많은 사람이 왕위에 올랐는데 이때 유추할 수 있는 떡은?

① 인절미

② 쇠머리떡

③ 화전

④ 설기떡

11. 떡에 관한 설명이 맞지 않는 것은?

① 증병-시루떡

② 단자-삶는 떡

③ 전병-기름에 지진 떡

④ 도병-찌는 떡

12. 떡의 재료를 다루는 도구가 아닌 것은?

① 이남박

② 번철

③ 조래미

④ 맷돌

13. 떡 기구에 대한 설명이 아닌 것은?

① 안반떡메 - 쌀가루를 만들 때 사용

② 방아 - 곡식을 찧거나 빻아서 가루를 내는 기구

③ 키 - 곡식을 까불려 껍질 등의 이물질을 골라낼 때 사용

④ 시루 - 바닥에 구멍이 뚫려 있어 곡식을 찔 때 사용

14. 노비떡이라고 하며 큼직하게 만들어 먹는 떡은?

① 궁중송편

② 약밥

③ 왕송편

④ 절편

15. 약식의 유래와 관계 없는 것은?

① 소지왕

② 까마귀

③ 오기일

④ 백결선생

16. 조선시대에 떡에 대한 설명으로 틀린 것은?

① 혼례와 제례 등 각종 행사에 사용하면서 떡이 더욱 발달하였다.

② 농업기술이 발전하면서 곡류 생산이 늘어 떡 종류가 다양해졌다.

③ 불교가 번성하면서 차와 떡을 즐기는 풍속이 생겼다.

④ 향신료가 유입되면서 떡에 부재료로 사용되었다.

17. 『규합총서』에 '그 맛이 좋아 차마 삼키기 어려운 떡'이라고 기록되어 있는 떡은?

① 석탄병
② 잡과병
③ 쑥떡
④ 두텁떡

18. 햇빛에 포함된 자외선으로 소독·살균하는 방법은?

① 열탕소독법
② 건열멸균법
③ 소각멸균법
④ 일광소독법

19. 떡의 정의가 아닌 것은?

① 각종 제사, 통과의례 등 명절음식의 하나이다.
② 우리나라는 재료에 따라 떡과 병을 나누어 표기한다.
③ 곡식을 가루내어 찌거나, 삶거나 만든 음식을 통틀어 이른다.
④ 주재료가 밀가루로 바뀌면서 병(餠)이라 칭하였다.

20. 도병이 아닌 것은?

① 가래떡
② 인절미
③ 개피떡
④ 설기떡

정답

1② 2① 3① 4④ 5③ 6③ 7② 8④ 9③ 10① 11④ 12② 13① 14③ 15④ 16③ 17①
18④ 19② 20④

1. 떡을 만들 때 쌀 불리기에 대한 설명으로 틀린 것은?

    ① 쌀은 물의 온도가 높을수록 물을 빨리 흡수한다.

    ② 쌀의 수침 시간이 증가하면 호화개시 온도가 낮아진다.

    ③ 쌀의 수침 시간이 증가하면 조직이 연화되어 입자의 결합력이 증가한다.

    ④ 쌀의 수침 시간이 증가하면 수분함량이 많아져 호화가 잘 된다.

2. 떡의 영양학적 특성에 대한 설명으로 틀린 것은?

    ① 팥시루떡의 팥은 멥쌀에 부족한 비타민 D와 비타민 E를 보충한다.

    ② 무시루떡의 무에는 소화요소인 디아스타제가 들어 있어 소화에 도움을 준다.

    ③ 쑥떡의 쑥은 무기질, 비타민 A, 비타민 C가 풍부하여 건강에 도움을 준다.

    ④ 콩가루인절미의 콩은 찹쌀에 부족한 단백질과 지질을 함유하여 영양상의 조화를 이룬다.

3. 떡을 만드는 도구에 대한 설명으로 틀린 것은?

    ① 조리는 쌀을 빻아 쌀가루를 내릴 때 사용한다.

    ② 맷돌은 곡식을 가루로 만들거나 곡류를 타개는 기구이다.

    ③ 멧방석은 멍석보다는 작고 둥글며 곡식을 널 때 사용한다.

    ④ 어레미는 굵은 체를 말하며 지방에 따라 얼맹이, 얼레미 등으로 불린다.

4. 떡 제조 시 사용하는 두류의 종류와 영양학적 특성으로 옳은 것은?

    ① 대두에 있는 사포닌은 설사의 치료제이다.

    ② 팥은 비타민 B_1이 많아 각기병 예방에 좋다.

    ③ 검은콩은 금속이온과 반응하면 색이 옅어진다.

    ④ 땅콩은 지질의 함량이 많으나 필수지방산은 부족하다.

5. 찌는 떡이 아닌 것은?

    ① 느티떡

    ② 혼돈병

    ③ 골무떡

    ④ 신과병

6. 떡의 노화를 지연시키는 보관 방법으로 옳은 것은?

① 4℃ 냉장고에 보관한다.

② 2℃ 김치냉장고에 보관한다.

③ -18℃ 냉동고에 보관한다.

④ 실온에 보관한다.

7. 불용성 섬유소의 종류로 옳은 것은?

① 검

② 뮤실리지

③ 펙틴

④ 셀룰로오스

8. 떡의 노화를 지연시키는 방법으로 틀린 것은?

① 식이섬유소 첨가

② 설탕 첨가

③ 유화제 첨가

④ 색소 첨가

9. 백설기를 만드는 방법으로 틀린 것은?

① 멥쌀을 충분히 불려 물기를 빼고 소금을 넣어 곱게 빻는다.

② 쌀가루에 물을 주어 잘 비빈 후 중간체에 내려 설탕을 넣고 고루 섞는다.

③ 찜기에 시루밑을 깔고 체에 내린 쌀가루를 꾹꾹 눌러 안친다.

④ 물솥 위에 찜기를 올리고 15~20분간 찐후 약한 불에서 5분간 뜸을 들인다.

10. 병과에 쓰이는 도구 중 어레미에 대한 설명으로 옳은 것은?

① 고운 가루를 내릴 때 사용한다.

② 도드미보다 고운체이다.

③ 팥고물을 내릴 때 사용한다.

④ 양과용 밀가루를 내릴 때 사용한다.

11. 인절미를 칠 때 사용하는 도구가 아닌 것은?

① 절구

② 안반

③ 떡메

④ 떡살

12. 식품 등의 기구 또는 용기, 포장의 표시기준으로 틀린 것은?

① 재질

② 영업소 명칭 및 소재지

③ 소비자 안전을 위한 주의사항

④ 섭취량, 섭취방법 및 섭취 시 주의사항

13. 떡 조리과정의 특징으로 틀린 것은?

① 쌀의 수침시간이 증가할수록 쌀의 조직이 연화되어 습식제분을 할 때 전분입자가 미세화된다.

② 쌀가루는 너무 고운 것보다 어느 정도 입자가 있어야 자체 수분 보유율이 있어 떡을 만들 때 호화도가 더 좋다.

③ 찌는 떡은 멥쌀가루보다 찹쌀가루를 사용할 때 물을 더 보충해야 한다.

④ 펀칭공정을 거치는 치는 떡은 시루에 찌
는 떡보다 노화가 더디게 진행된다.

14. 떡류 포장 표시의 기준을 포함하며, 소비자의 알 권리를 보장하고 건전한 거래질서를 확립함으로써 소비자 보호에 이바지함을 목적으로 하는 것은?

① 식품안전기본법

② 식품안전관리인증기준

③ 식품 등의 표시 광고에 관한 법률

④ 식품위생 분야 종사자의 건강진단 규칙

15. 두텁떡을 만드는데 사용되지 않는 조리도구는?

① 떡살

② 체

③ 번철

④ 시루

16. 화학물질의 취급 시 유의사항으로 틀린 것은?

① 작업장 내에 물질안전보건자료를 비치한다.

② 고무장갑 등 보호복장을 착용하도록 한다.

③ 물 이외의 물질과 섞어서 사용한다.

④ 액체 상태인 물질을 덜어 쓸 경우 펌프 기능이 있는 호스를 사용한다.

17. 치는 떡의 표기로 옳은 것은?

① 증병(甑餠)

② 도병(搗餠)

③ 유병(油餠)

④ 전병(煎餠)

18. 전통음식에서 '약(藥)'자가 들어가는 음식의 의미로 틀린 것은?

① 꿀과 참기름 등을 많이 넣은 음식에 약(藥)자를 붙인다.

② 몸에 이로운 음식이라는 개념을 함께 지니고 있다.

③ 꿀을 넣은 과자와 밥을 각각 약과(藥果)와 약식(藥食)이라 하였다.

④ 한약재를 넣어 몸에 이롭게 만든 음식만을 의미한다.

19. 저온 저장이 미생물 생육 및 효소 활성에 미치는 영향에 관한 설명으로 틀린 것은?

① 일부의 효모는 -10°C에서도 생존 가능하다.

② 곰팡이 포자는 저온에 대한 저항성이 강하다.

③ 부분 냉동 상태보다는 완전 동결 상태하에서 효소 활성이 촉진되어 식품이 변질되기 쉽다.

④ 리스테리아균이나 슈도모나스균은 냉장 온도에서도 증식 가능하여 식품의 부패나 식중독을 유발한다.

20. 인절미나 절편을 칠 때 사용하는 도구로 옳
   은 것은?
   ① 안반, 멧방석
   ② 떡메, 쳇다리
   ③ 안반, 떡메
   ④ 쳇다리, 이남박

1. 떡의 주재료로 옳은 것은?

① 밤, 현미

② 흑미, 호두

③ 감, 차조

④ 찹쌀, 멥쌀

2. 빚는 떡 제조 시 쌀가루 반죽에 대한 설명으로 틀린 것은?

① 송편 등의 떡 반죽은 많이 치댈수록 부드러우면서 입의 감촉이 좋다.

② 반죽을 치는 횟수가 많아지면 반죽 중에 작은 기포가 함유되어 부드러워진다.

③ 쌀가루를 익반죽하면 전분의 일부가 호화되어 점성이 생겨 반죽이 잘 뭉친다.

④ 반죽할 때 물의 온도가 낮을수록 치대는 반죽이 매끄럽고 부드러워진다.

3. 쌀의 수침 시 수분흡수율에 영향을 주는 요인으로 틀린 것은?

① 쌀의 품종

② 쌀의 저장 기간

③ 수침 시 물의 온도

④ 쌀의 비타민 함량

4. 인절미를 뜻하는 단어로 틀린 것은?

① 인병

② 은절병

③ 절병

④ 인절병

5. 다음과 같은 특성을 지닌 살균소독제는?

- 가용이며 냄새가 없다.
- 자극성 및 부식성이 없다.
- 유기물이 존재하면 살균 효과가 감소된다.
- 작업자의 손이나 용기 및 기구 소독에 주로 사용한다.

① 승홍

② 크레졸

③ 석탄산

④ 역성비누

6. 치는 떡이 아닌 것은?

① 꽃절편

② 인절미

③ 개피떡

④ 쑥개떡

7. 멥쌀가루에 요오드 용액을 떨어뜨렸을 때 변화되는 색은?

① 변화가 없음

② 녹색

③ 청자색

④ 적갈색

8. 설기떡에 대한 설명으로 틀린 것은?

① 고물 없이 한 덩어리가 되도록 찌는 떡이다.

② 콩, 쑥, 밤, 대추, 과일 등 부재료가 들어가기도 한다.

③ 콩떡, 팥시루떡, 쑥떡, 호박떡, 무지개떡이 있다.

④ 무리병이라고도 한다.

9. 가래떡 제조과정의 순서로 옳은 것은?

① 쌀가루 만들기 – 안쳐 찌기 – 용도에 맞춰 자르기 - 성형하기

② 쌀가루 만들기 – 소 만들어 넣기 – 안쳐 찌기 - 성형하기

③ 쌀가루 만들기 – 익반죽하기 – 성형하기 – 안쳐 찌기

④ 쌀가루 만들기 – 안쳐 찌기 – 성형하기 – 용도에 맞게 자르기

10. 팥떡류 제조에 대한 설명으로 옳은 것은?

① 불린 찹쌀을 여러 번 빻아 찹쌀가루를 곱게 준비한다.

② 쇠머리떡 제조 시 멥쌀가루를 소량 첨가할 경우 굳혀서 썰기에 좋다.

③ 찰떡은 메떡에 비해 찔 때 소요되는 시간이 짧다.

④ 팥은 1시간 정도 불려 설탕과 소금을 섞어 사용한다.

11. 위생적이고 안전한 식품 제조를 위해 적합한 기기, 기구 및 용기가 아닌 것은?

① 스테인리스 스틸 냄비

② 산성 식품에 사용하는 구리를 함유한 그릇

③ 소독과 살균이 가능한 내수성 재질의 작업대

④ 흡수성이 없는 단단한 단풍나무 재목의 도마

12. 떡류의 보관 관리에 대한 설명으로 틀린 것은?

① 당일 제조 및 판매 물량만 확보하여 사용한다.

② 오래 보관된 제품은 판매하지 않도록 한다.

③ 진열 전의 떡은 서늘하고 빛이 들지 않는 곳에서 보관한다.

④ 여름철에는 상온에서 24시간까지는 보관해도 된다.

13. 100℃에서 10분간 가열하여도 균에 의한 독소가 파괴되지 않아 식품을 섭취한 후 3시간 정도 만에 구토, 설사, 심한 복통 증상을 유발하는 미생물은?

① 노로바이러스

② 황색포도상구균

③ 캠필로박터균

④ 살모넬라균

14. 떡 반죽의 특징으로 틀린 것은?

① 많이 치댈수록 공기가 포함되어 부드러우면서 입안에서의 감촉이 좋다.

② 많이 치댈수록 글루텐이 많이 형성되어 쫄깃해진다.

③ 익반죽할 때 물의 온도가 높으면 점성이 생겨 반죽이 용이하다.

④ 쑥이나 수리취 등을 섞어 반죽할 때 노화속도가 지연된다.

15. 전통적인 약밥을 만드는 과정에 대한 설명으로 틀린 것은?

① 간장과 양념이 한쪽에 치우쳐서 얼룩지지 않도록 골고루 버무린다.

② 불린 찹쌀에 부재료와 간장, 설탕, 참기름 등을 한꺼번에 넣고 쪄낸다.

③ 찹쌀을 불려서 1차로 찔 때 충분히 쪄야 간과 색이 잘 배인다.

④ 양념한 밥을 오래 중탕하여 진한 갈색이 나도록 한다.

16. 설기 제조에 대한 일반적인 과정으로 옳은 것은?

① 멥쌀은 깨끗하게 씻어 8~12시간 정도 불려서 사용한다.

② 쌀가루는 물기가 있는 상태에서 굵은 체에 내린다.

③ 찜기에 준비된 재료를 올려 약한 불에서 바로 찐다.

④ 불을 끄고 20분 정도 뜸을 들인 후 그릇에 담는다.

17. 얼음 결정의 크기가 크고 식품의 텍스처 품질 손상 정도가 큰 저장 방법은?

① 완만 냉동

② 급속 냉동

③ 빙온 냉장

④ 초급속 냉동

18. 식품의 변질에 의한 생성물로 틀린 것은?

① 과산화물

② 암모니아

③ 토코페롤

④ 황화수소

19. 재료의 계량에 대한 설명으로 틀린 것은?

① 액체 재료 부피계량은 투명한 재질로 만들어진 계량컵을 사용하는 것이 좋다.

② 계량단위 1큰술의 부피는 15ml 정도이다.

③ 저울을 사용할 때 편평한 곳에서 0점(zero point)을 맞춘 후 사용한다.

④ 고체지방 재료 부피계량은 계량컵에 잘게 잘라 담아 계량한다.

20. 식품영업장이 위치해야 할 장소의 구비조건
    이 아닌 것은?

　　① 식수로 적합한 물이 풍부하게 공급되
　　　는 곳

　　② 환경적 오염이 발생되지 않는 곳

　　③ 전력 공급 사정이 좋은 곳

　　④ 가축 사육 시설이 가까이 있는 곳

정답

1④ 2④ 3④ 4③ 5④ 6④ 7③ 8③ 9④ 10② 11② 12④ 13② 14② 15② 16①
17③ 18③ 19④ 20④

1. 썩거나 상하거나 설익어서 인체의 건강을 해칠 우려가 있는 위해식품을 판매한 영업자에게 부과되는 벌칙은?

① 1년 이하 징역 또는 1천만 원 이하 벌금

② 3년 이하 징역 또는 3천만 원 이하 벌금

③ 5년 이하 징역 또는 15천만 원 이하 벌금

④ 10년 이하 징역 또는 1억 원 이하 벌금

2. 물리적 살균, 소독방법이 아닌 것은?

① 일광 소독

② 화염 소독

③ 역성비누 소독

④ 자외선 살균

3. 오염된 곡물의 섭취를 통해 장애를 일으키는 곰팡이독의 종류가 아닌 것은?

① 황변미독

② 맥각독

③ 아플라톡신

④ 베네루핀

4. 각 지역과 향토 떡의 연결로 틀린 것은?

① 경기도 – 여주산병, 색떡

② 경상도 – 모싯잎송편, 만경떡

③ 제주도 – 오메기떡, 빙떡

④ 평안도 – 장떡, 수리취떡

5. 떡 제조 시 작업자의 복장에 대한 설명으로 틀린 것은?

① 지나친 화장을 피하고 인조 속눈썹을 부착하지 않는다.

② 반지나 귀걸이 등 장신구를 착용하지 않는다.

③ 작업 변경 시마다 위생장갑을 교체할 필요는 없다.

④ 마스크를 착용하도록 한다.

6. 약식의 유래를 기록하고 있으며 이를 통해 신라시대부터 약식을 먹어왔음을 알 수 있는 문헌은?

① 묵은집

② 도문대작

③ 삼국사기

④ 삼국유사

7. 중양절에 대한 설명으로 틀린 것은?

① 추석에 햇곡식으로 제사를 올리지 못한 집안에서 뒤늦게 천신을 하였다.

② 밤떡과 국화전을 만들어 먹었다.

③ 시인과 묵객들은 야외로 나가 시를 읊거나 풍국놀이를 하였다.

④ 잡과병과 밀단고를 만들어 먹었다.

8. 약식의 유래와 관계가 없는 것은?

① 백결선생   ② 금값

③ 까마귀   ④ 소지왕

9. 봉치떡에 대한 설명으로 틀린 것은?

① 납폐 의례 절차 중에 차려지는 대표적인 혼례음식으로 함떡이라고도 한다.

② 떡을 두 켜로 올리는 것은 부부 한쌍을 상징하는 것이다.

③ 밤과 대추는 재물이 풍성하기를 기원하는 뜻이 담겨 있다.

④ 찹쌀가루를 쓰는 것은 부부의 금실이 찰떡처럼 화목하게 되라는 뜻이다.

10. 음력 3월 3일에 먹는 시절떡은?

① 수리취절편

② 약식

③ 느티떡

④ 진달래화전

11. 돌상에 차리는 떡의 종류와 의미로 틀린 것은?

① 인절미 – 학문적 성장을 촉구하는 뜻을 담고 있다.

② 수수팥경단 – 아이의 생애에 있어 액을 미리 막아준다는 의미를 담고 있다.

③ 오색송편 – 우주만물과 조화를 이루며 살아가라는 의미를 담고 있다.

④ 백설기 – 신성함과 정결함을 뜻하며, 순진무구하게 자라라는 기원이 담겨 있다.

12. 다음은 떡의 어원에 관한 설명이다. 옳은 내용을 모두 선택한 것은?

가) 곤떡은 "색과 모양이 곱다" 하여 처음에는 고운 떡으로 불리었다.

나) 구름떡은 썬 모양이 구름 모양과 같다 하여 붙여진 이름이다.

다) 오쟁이떡은 떡의 모양을 가운데 구멍을 내고 만들어 붙여진 이름이다.

라) 빙떡은 떡을 차갑게 식혀 만들어 붙여진 이름이다.

마) 해장떡은 "해장국과 함께 먹었다" 하여 붙여진 이름이다.

① 가, 나, 마

② 가, 나, 다

③ 나, 다, 라

④ 다, 라, 마

13. 삼짇날의 절기 떡이 아닌 것은?

① 진달래화전

② 향애단

③ 쑥떡

④ 유엽병

14. 절기와 절식 떡의 연결이 틀린 것은?

① 정월대보름 - 약식

② 삼짇날 - 진달래화전

③ 단오 - 차륜병

④ 추석 - 삭일송편

15. 떡과 관련된 내용을 담고 있는 조선시대에 출간된 서적이 아닌 것은?

① 도문대작
② 음식미디방
③ 임원십육지
④ 이조궁정요리통고

16. 아이의 장수복록을 축원하는 의미로 돌상에 올리는 떡으로 틀린 것은?

① 두텁떡
② 오색송편
③ 수수팥경단
④ 백설기

17. 통과의례에 대한 설명으로 틀린 것은?

① 사람이 태어나 죽을 때까지 필연적으로 거치게 되는 중요한 의례를 말한다.
② 책례는 어려운 책을 한 권씩 뗄 때마다 이를 축하하고 더욱 학문에 정진하라는 격려의 의미로 행하는 의례이다.
③ 납일은 사람이 신령에게 음덕을 갚는 의미로 제사를 지내는 날이다.
④ 성년례는 어른으로부터 독립하여 자기의 삶은 자기가 갈무리하라는 책임과 의무를 일깨워주는 의례이다.

18. 떡의 어원에 대한 설명으로 틀린 것은?

① 차륜병은 수리취절편에 수레바퀴 모양의 문양을 내어 붙여진 이름이다.
② 석탄병은 '차마 삼키기 안타깝다'는 뜻에서 붙여진 이름이다.
③ 약편은 멥쌀가루에 계피, 천궁, 생강 등 약제를 넣어 붙여진 이름이다.
④ 첨세병은 떡국을 먹음으로써 나이를 하나 더하게 된다는 뜻으로 붙여진 이름이다.

19. 삼복 중에 먹는 절기 떡으로 틀린 것은?

① 증편
② 주악
③ 팥경단
④ 깨찰편

20. 송편을 익반죽하는 이유는?

① 쌀가루에는 글루텐이 없으므로 익반죽하여 호화시켜 반죽에 끈기가 생기도록 하기 위해
② 송편이 빨리 노화되는 것을 방지하기 위해
③ 송편이 빨리 상하는 것을 방지하기 위해
④ 송편의 식감을 부드럽게 하기 위해

정답

1④ 2③ 3④ 4④ 5③ 6④ 7④ 8① 9③ 10③ 11① 12① 13④ 14④ 15③ 16①
17③ 18③ 19③ 20①

출제예상문제 ⑤

1. 콩(대두)에 대한 설명으로 틀린 것은?

   ① 콩은 통풍이 잘 되며 그늘지고 건조한 곳에 보관한다.

   ② 콩의 종류는 흰콩, 누런콩, 푸른콩, 밤콩, 검정콩, 약콩 등이 있다.

   ③ 콩은 수분함량이 13% 이하로 흠이 없고 낱알이 고른 것이 좋다.

   ④ 콩의 단백질 함량이 20%로 중요한 양질의 탄수화물과 지질의 급원이다.

2. 다음 쌀을 불리는 시간으로 알맞은 것은?

   ① 멥쌀 2~3시간

   ② 흑미 5~6시간

   ③ 현미 12~24시간

   ④ 약식 8시간

3. 쌀을 도정하거나 분쇄하는 도구가 아닌 것은?

   ① 쳇다리   ② 키

   ③ 조리   ④ 맷돌

4. 계량기구로 물을 계량했을 때 맞는 것은?

   ① 1큰술 = 10ml

   ② 1작은술 = 7ml

   ③ 1컵 = 200ml

   ④ 1큰술 = 4작은술

5. 약밥은 어느 절기의 절식으로 많이 먹는가?

   ① 설탈

   ② 정월 대보름

   ③ 추석

   ④ 동지

6. 약밥을 만드는 재료 중 캐러멜 소스를 만드는 방법으로 맞는 것은?

   ① 캐러멜 소스를 만들 때는 설탕에 식용유를 넣고 설탕이 녹기 전에는 젓지 않는다.

   ② 캐러멜 소스는 설탕과 식용유, 녹말물을 함께 넣고 젓는다.

   ③ 캐러멜 소스의 갈색을 내기 위해 설탕은 흑설탕을 사용한다.

   ④ 녹말물이 없는 경우 찬물을 사용해도 된다.

7. 무리떡이라고 하며 켜 없이 쌀가루로 만든 떡은?

   ① 켜떡   ② 설기떡

   ③ 지지는 떡   ④ 치는 떡

8. 켜떡류가 아닌 것은?

   ① 팥고물시루떡   ② 콩설기

   ③ 석탄병   ④ 느티떡

9. 찰떡의 종류가 아닌 것은?

① 콩설기

② 인절미

③ 수수부꾸미

④ 쇠머리떡

10. 황해도 지역의 향토떡으로 맞는 것은?

① 닭알범벅

② 감고지떡

③ 은행단자

④ 밀전병

11. 혼례식 때 반드시 사용되는 떡이 아닌 것은?

① 봉치떡

② 날떡

③ 색떡

④ 백설기

12. 혼례 때 봉치떡의 의미는?

① 자손이 번창하기를 기원하는 의미

② 부부의 금실이 찰떡처럼 화목하게 귀착되라는 의미

③ 보름달처럼 밝게 비추고 둥글게 채우며 잘 살도록 기원하는 의미

④ 부부 한쌍을 상징하는 의미

13. 옛 문헌과 저자가 바르게 연결된 것은?

① 음식미디방 – 안동 장씨부인

② 요록 - 허생원

③ 음식보 – 빙허각 이씨

④ 산림경제 - 홍만선

14. 찌는 떡이 아닌 것은?

① 쇠머리떡

② 증편

③ 무지개떡

④ 화전

15. 충청도의 향토떡이 아닌 것은?

① 쇠머리떡

② 총떡

③ 꽃산병

④ 호박떡

16. 잔치나 제례에 높이 쌓아올린 떡 위에 올렸던 떡은?

① 켜떡

② 꽃떡

③ 웃기떡

④ 약식

17. 웃기떡으로 사용하지 않은 떡은?

① 팥시루떡

② 주악

③ 색절편

④ 화전

18. 6월 유두에 먹었던 떡으로 풍년을 기원하는 떡은?

① 화전

② 떡수단

③ 꽃떡

④ 수수경단

19. 떡을 담는 도구로 적당하지 않은 것은?

① 광주리

② 떡동구리

③ 떡서리

④ 떡판

20. 떡의 재료 다루는 도구로 적당하지 않은 것은?

① 번철

② 이남박

③ 조래미

④ 맷돌

정답

1④ 2③ 3① 4③ 5② 6① 7② 8② 9① 10① 11④ 12② 13① 14④ 15② 16③
17① 18② 19④ 20①

떡 제 조 기 능 사　필 기　&　실 기

떡제조기능사 실기

02

실기편

• 콩설기떡 • 부꾸미 • 송편 • 쇠머리떡 • 무지개떡(삼색) • 경단 • 백편 • 인절미
떡제조기능사 실기 예상문제
• 대추단자 • 꽃인절미 • 화전 • 팥시루떡
• 절편 • 개피떡 • 약식 • 흑임자 구름떡 • 석탄병 • 두텁떡

국가기술자격 실기시험 공개문제

자격종목	떡제조기능사	과 제 명	콩설기떡, 부꾸미

※문제지는 시험종료 후 본인이 가져갈 수 있습니다.

비번호		시험일시		시험장명	

※ 시험시간 : **2시간**

1. 요구사항

※ 지급된 재료 및 시설을 사용하여 아래 2가지 작품을 만들어 제출하시오.

가. 콩설기떡을 만들어 제출하시오.

1) 떡 제조 시 물의 양은 적정량으로 혼합하여 제조하시오.

　(단, 쌀가루는 물에 불려 소금간하지 않고 2회 빻은 쌀가루이다.)

2) 불린 서리태를 삶거나 쪄서 사용하시오.

3) 서리태의 1/2 정도는 바닥에 골고루 펴 넣으시오.

4) 서리태의 나머지 1/2 정도는 멥쌀가루와 골고루 혼합하여 찜기에 안치시오.

5) 찜기에 안친 쌀가루반죽을 물솥에 얹어 찌시오.

6) 서리태를 바닥에 골고루 펴 넣은 면이 위로 오도록

　그릇에 담고, 썰지 않은 상태로 전량 제출하시오.

재료명	비율(%)	무게(g)
멥쌀가루	100	700
설탕	10	70
소금	1	7
물	–	적정량
불린 서리태	–	160

나. 부꾸미를 만들어 제출하시오.

1) 떡 제조 시 물의 양을 적정량으로 혼합하여 반죽을 하시오. (단, 쌀가루는 물에 불려 소금간하지 않고 1회 빻은 찹쌀가루이다.)

2) 찹쌀가루는 익반죽하시오.

3) 떡반죽은 직경 6cm로 지져 팥앙금을 소로 넣어 반으로 접으시오.(⌓)

4) 대추와 쑥갓을 고명으로 사용하고 설탕을 뿌린 접시에 부꾸미를 담으시오.

5) 부꾸미는 12개 이상으로 제조하여 전량 제출하시오.

재료명	비율(%)	무게(g)
찹쌀가루	100	200
백설탕	15	30
소금	1	2
물	-	적정량
팥앙금	-	100
대추	-	3(개)
쑥갓	-	20
식용유	-	20mL

자격종목	떡제조기능사	과 제 명	송편, 쇠머리떡

※문제지는 시험종료 후 본인이 가져갈 수 있습니다.

비번호		시험일시		시험장명	

※ 시험시간 : **2시간**

1. 요구사항

※ 지급된 재료 및 시설을 사용하여 아래 2가지 작품을 만들어 제출하시오.

가. 송편을 만들어 제출하시오.

1) 떡 제조 시 물의 양은 적정량으로 혼합하여 제조하시오.

(단, 쌀가루는 물에 불려 소금간하지 않고 2회 빻은 쌀가루이다.)

2) 불린 서리태를 삶거나 송편소로 사용하시오.

3) 떡반죽과 송편소는 4:1 ~ 3:1 정도의 비율로 제조하시오.

(송편 소가 1/4 ~ 1/3 정도 포함되어야 함)

4) 쌀가루는 익반죽하시오.

5) 송편은 완성된 상태가 길이 5cm, 높이 3cm 정도의 반달모양(⌒)이 되도록 오므려 집어 송편 모양을 만들고, 12개 이상으로 제조하여 전량 제출하시오.

6) 송편을 찜기에 쪄서 참기름을 발라 제출하시오.

재료명	비율(%)	무게(g)
멥쌀가루	100	200
소금	1	2
물	–	적정량
불린 서리태	–	70
참기름	–	적정량

나. 쇠머리떡을 만들어 제출하시오.

1) 떡 제조 시 물의 양은 적정량을 혼합하여 제조하시오.

   (단, 쌀가루는 물에 불려 소금간하지 않고 1회 빻은 찹쌀가루이다.)

2) 불린 서리태는 삶거나 쪄서 사용하고, 호박고지는 물에 불려서 사용하시오.

3) 밤, 대추, 호박고지는 적당한 크기로 잘라서 사용하시오.

4) 부재료를 쌀가루와 잘 섞어 혼합한 후 찜기에 안치시오.

5) 떡반죽을 넣은 찜기를 물솥에 얹어 찌시오.

6) 완성된 쇠머리떡은 15×15cm 정도의 사각형 모양으로 만들어 자르지 말고 전량 제출하시오.

7) 찌는 찰떡류로 제조하며, 지나치게 물을 많이 넣어 치지 않도록 주의하여 제조하시오.

재료명	비율(%)	무게(g)
찹쌀가루	100	500
설탕	10	50
소금	1	5
물	–	적정량
불린 서리태	–	100
대추	–	5(개)
깐 밤	–	5(개)
마른 호박고지	–	20
식용유	–	적정량

자격종목	떡제조기능사	과 제 명	무지개떡(삼색), 경단

※문제지는 시험종료 후 본인이 가져갈 수 있습니다.

비번호		시험일시		시험장명	

※ 시험시간 : **2시간**

1. 요구사항

※ 지급된 재료 및 시설을 사용하여 아래 2가지 작품을 만들어 제출하시오.

가. 무지개떡(삼색)을 만들어 제출하시오.

1) 떡 제조 시 물의 양은 적정량으로 혼합하여 제조하시오.

   (단, 쌀가루는 물에 불려 소금간하지 않고 2회 빻은 쌀가루이다.)

2) 삼색의 구분이 뚜렷하고 두께가 같도록 떡을 안치고 8등분으로 칼금을 넣으시오.

〈삼색 구분, 두께 균등〉

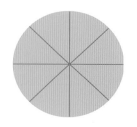

〈8등분 칼금〉

재료명	비율(%)	무게(g)
멥쌀가루	100	750
설탕	10	75
소금	1	8
물	–	적정량
치자	–	1(개)
쑥가루		3
대추		3(개)
잣	–	2

3) 대추와 잣을 흰쌀가루에 고명으로 올려 찌시오.

   (잣은 반으로 쪼개어 비늘잣으로 만들어 사용하시오.)

4) 고명이 위로 올라오게 담아 전량 제출하시오.

나. 경단을 만들어 제출하시오.

1) 떡 제조 시 물의 양을 적정량으로 혼합하여 반죽을 하시오.

   (단, 쌀가루는 물에 불려 소금간하지 않고 1회 빻은 찹쌀가루이다.)

2) 찹쌀가루는 익반죽하시오.

3) 반죽은 직경 2.5~3cm 정도의 일정한 크기로 20개 이상 만드시오.

4) 경단은 삶은 후 고물로 콩가루를 묻히시오.

5) 완성된 경단은 전량 제출하시오.

재료명	비율(%)	무게(g)
찹쌀가루	100	200
소금	1	2
물	–	적정량
볶은 콩가루	–	50

국가기술자격 실기시험 공개문제 ④

자격종목	떡제조기능사	과 제 명	백편, 인절미

※문제지는 시험종료 후 본인이 가져갈 수 있습니다.

비번호		시험일시		시험장명	

※ 시험시간 : **2시간**

1. 요구사항

※ 지급된 재료 및 시설을 사용하여 아래 2가지 작품을 만들어 제출하시오.

가. 백편을 만들어 제출하시오.

1) 떡 제조 시 물의 양은 적정량으로 혼합하여 제조하시오. (단, 쌀가루는 물에 불려 소금간하지 않고 2회 빻은 멥쌀가루이다.)

2) 밤, 대추는 곱게 채 썰어 사용하고 잣은 반으로 쪼개어 비늘잣으로 만들어 사용하시오.

3) 쌀가루를 찜기에 안치고 윗면에만 밤, 대추, 잣을 고물로 올려 찌시오.

재료명	비율(%)	무게(g)
멥쌀가루	100	500
설탕	10	50
소금	1	5
물	–	적정량
깐 밤	–	3(개)
대추	–	5(개)
잣	–	2

4) 고물을 올린 면이 위로 오도록 그릇에 담고 썰지 않은 상태로 전량 제출하시오.

나. 인절미를 만들어 제출하시오.

1) 떡 제조 시 물의 양을 적정량으로 혼합하여 제조하시오.

  (단, 쌀가루는 물에 불려 소금간하지 않고 1회 빻은 찹쌀가루이다.)

2) 익힌 찹쌀반죽은 스테인리스볼과 절굿공이(밀대)를
  이용하여 소금물을 묻혀 치시오.

3) 친 인절미는 기름 바른 비닐에 넣어 두께 2cm 이상
  으로 성형하여 식히시오.

4) 4×2×2cm 크기로 인절미를 24개 이상 제조하여 콩
  가루를 고물로 묻혀 전량 제출하시오.

재료명	비율(%)	무게(g)
찹쌀가루	100	500
설탕	10	50
소금	1	5
물	–	적정량
볶은 콩가루	12	60
식용유	–	5
소금물용 소금	–	5

합격 포인트

- 멥쌀가루에 물을 주어 손으로 쥐었을 때 쉽게 부서지지 않아야 한다.
- 멥쌀가루를 체에 여러 번 내리면 떡이 부드러워진다.
- 찜기에 서리태 1/3을 골고루 펴 놓아야 한다.
- 찜기에 실리콘을 깔면 옆면이 깨끗하게 나온다.

떡제조기능사 실기

콩설기떡

시험시간 | 1시간

재료 목록

멥쌀가루 700g
소금 7g
설탕 70g
물 10큰술
불린 서리태 160g

요구사항

❀ 콩설기떡을 만들어 제출하시오.

1) 떡 제조 시 물의 양은 적정량으로 혼합하여 제조하시오.
   (단, 쌀가루는 물에 불려 소금간하지 않고 2회 빻은 쌀가루이다.)
2) 불린 서리태를 삶거나 쪄서 사용하시오.
3) 서리태의 1/2 정도는 바닥에 골고루 펴 넣으시오.
4) 서리태의 나머지 1/2 정도는 멥쌀가루와 골고루 혼합하여
   찜기에 안치시오.
5) 찜기에 안친 쌀가루반죽을 물솥에 얹어 찌시오.
6) 서리태를 바닥에 골고루 펴 넣은 면이 위로 오도록 그릇에
   담고, 썰지 않은 상태로 전량 제출하시오.

만드는 방법

1. 재료 무게 측정하기
- 모든 재료는 저울을 이용하여 무게를 측정한다.
- 계량하고 남은 재료는 옆에 둔다.

2. 재료 손질하기
- 불린 서리태를 한번 헹군다.
- 냄비에 서리태를 담고 물 4컵, 소금 2g 넣고 20분 정도 푹 삶는다.
- 끓으면 불순물을 제거해 준다.
- 삶은 콩을 체에 내려 접시에 펼쳐둔다.

3. 쌀가루 만들기
- 멥쌀가루에 소금 5g을 양손바닥으로 비벼 가루내어 넣는다.
- 쌀가루에 물 9큰술 정도를 첨가한다.
- 손으로 쥐어 농도를 맞춘다.
- 쌀가루를 중간체에 한번 내리고 고운체에 한번 더 내린다.

4. 찜기에 안치기
- 내린 멥쌀가루에 설탕 70g과 삶은 서리태 2/3를 넣어 섞어준다.
- 서리태 1/3은 남겨둔다.

5. 찌기

- 찜기에 실리콘을 깔고 남은 서리태를 펴 놓는다.
- 서리태를 섞은 쌀가루를 안친다.
- 스크래퍼로 쌀가루를 고루 펴준다.

6. 완성

- 김 오른 찜기에 25분 찌고 5분 뜸을 들인다.
- 서리태 있는 부분을 위로 하여 제출한다.
- 면포를 깔면 옆면이 거칠게 나온다.

합격 포인트

- 화전 반죽의 농도를 맞춘다.
- 익반죽하는 쌀가루는 체에 내리지 않아도 된다.
- 지진 부꾸미는 설탕 뿌린 접시에 놓고 소를 넣어 반을 접어도 된다.
- 수수부꾸미는 약불에서 익힌다.

부꾸미

시험시간 | 1시간

재료 목록

찹쌀가루 200g
백설탕 30g
소금 2g, 물 20g
팥앙금 100g
대추 3개
쑥갓 20g
식용유 20ml

요구사항

✠ **부꾸미를 만들어 제출하시오.**

1) 떡 제조 시 물의 양을 적정량으로 혼합하여 반죽을 하시오.
(단, 쌀가루는 물에 불려 소금간하지 않고 1회 빻은 찹쌀가루
이다.)

2) 찹쌀가루는 익반죽하시오.

3) 떡반죽은 직경 6cm로 지져 팥앙금을 소로 넣어 반으로
접으시오.(⌒)

4) 대추와 쑥갓을 고명으로 사용하고 설탕을 뿌린 접시에 부
꾸미를 담으시오.

5) 부꾸미는 12개 이상으로 제조하여 전량 제출하시오.

만드는 방법

1. 재료 무게 측정하기
- 모든 재료는 저울을 이용하여 무게를 측정한다.
- 계량하고 남은 재료는 옆에 둔다.

2. 찹쌀가루 만들기
- 찹쌀가루에 소금을 양손바닥으로 비벼 넣는다.
- 찹쌀가루에 뜨거운 물을 3큰술 정도 넣어 농도를 맞추어 익반죽한다.
- 반죽을 비닐에 넣어 숙성시킨다.

3. 소 만들기
- 팥앙금을 6g 정도 떼어 가로 1.5cm, 세로 1cm 정도로 12개 만든다.

4. 고명 만들기
- 대추는 돌려깎기하여 돌돌 말아 얇게 썰어 대추꽃을 만든다.
- 쑥갓은 찬물에 담가 잎을 뗀다.

5. 반죽 빚기
- 찹쌀반죽 20g 정도를 떼어 12개를 만든다.
- 반죽을 양손바닥으로 동그랗게 돌려주면서 납작하게 눌러준다.
- 지름 6cm로 둥글납작하게 빚는다.

6. 익히기

- 팬에 기름 2큰술을 두르고 반죽을 놓는다.
- 약불에서 앞면이 투명하게 익으면 뒤집어 익힌다.
- 소를 넣고 반죽을 반으로 접는다.

7. 완성

- 접시에 설탕을 뿌려둔다.
- 지진 부꾸미를 설탕 위에 놓는다.
- 고명을 올린다.
- 완성 접시에 옮겨 담아 낸다.

합격 포인트

- 송편 반죽에 소를 넣고 손으로 꽉 쥐어 주면서 공기를 빼준다.
- 반죽을 젖은 면포로 덮어 놓고 송편을 빚는다.
- 반죽이 되직하면 손가락에 물을 묻히면서 송편을 빚는다.
- 송편은 길이 5cm, 높이 3cm가 되게 빚는다.
- 송편 소는 서리태 5개가 적당하다.
- 서리태는 삶은 뒤 헹구지 않는다.

떡제조기능사 실기

송편

시험시간 | 1시간

재료 목록

멥쌀가루 200g
소금 2g
물 30g
불린 서리태 70g
참기름 적정량

요구사항

❀ **송편을 만들어 제출하시오.**

1) 떡 제조 시 물의 양은 적정량으로 혼합하여 제조하시오.
   (단, 쌀가루는 물에 불려 소금간하지 않고 2회 빻은 쌀가루이다.)

2) 불린 서리태를 삶거나 송편소로 사용하시오.

3) 떡반죽과 송편소는 4:1 ～ 3:1 정도의 비율로 제조하시오.
   (송편 소가 1/4 ～ 1/3 정도 포함되어야 함)

4) 쌀가루는 익반죽하시오.

5) 송편은 완성된 상태가 길이 5cm, 높이 3cm 정도의 반달모양
   (⌒)이 되도록 오므려 집어 송편 모양을 만들고, 12개
   이상으로 제조하여 전량 제출하시오.

6) 송편을 찜기에 쪄서 참기름을 발라 제출하시오.

만드는 방법

1. 재료 무게 측정하기
- 모든 재료는 저울을 이용하여 무게를 측정한다.
- 계량하고 남은 재료는 옆에 둔다.

2. 재료 손질하기
- 서리태를 한번 헹군다.
- 냄비에 서리태를 담고 물 4컵을 넣고 20분 정도 삶는다.
- 삶은 서리태는 체에 내려 식힌다.

3. 쌀가루 만들기
- 멥쌀가루에 소금 2g을 양손바닥으로 비벼 넣는다.
- 쌀가루를 체에 한번 내린다.

4. 반죽하기
- 쌀가루에 뜨거운 물을 6큰술 정도 넣어 익반죽한다.
- 비닐팩에 넣어 숙성을 시킨다.

5. 빚기

- 반죽을 12개로 나누어 각각 22g으로 계량한다.
- 반죽을 둥글게 손바닥으로 만들어 가운데를 우물처럼 빚는다.
- 서리태 5알을 반죽 소에 넣고 조개처럼 빚는다.

6. 완성하기

- 찜기에 실리콘을 깐다.
- 김 오른 찜기에 송편을 넣고 20분 정도 찐다.
- 참기름과 물을 2:1 비율로 바른다.
- 접시에 송편 12개를 담아 낸다.

합격 포인트

- 반죽 시 물을 1큰술 또는 안 넣어도 된다.
- 쌀가루는 체에 내리지 않아도 된다.
- 호박고지는 아주 미지근한 물에 담갔다가 바로 건져둔다.
- 떡을 빨리 식히려면 면포를 찬물에 적셔 감싸준다.

떡제조기능사 실기

쇠머리떡

재료 목록

찹쌀가루 500g

소금 5g, 설탕 50g

물 10g

깐 밤 5개

대추 5개

마른 호박고지 20g

불린 서리태 100g

요구사항

❈ **쇠머리떡을 만들어 제출하시오.**

1) 떡 제조 시 물의 양은 적정량을 혼합하여 제조하시오.
   (단, 쌀가루는 물에 불려 소금간하지 않고 1회 빻은 찹쌀가루이다.)
2) 불린 서리태는 삶거나 쪄서 사용하고, 호박고지는 물에 불려서 사용하시오.
3) 밤, 대추, 호박고지는 적당한 크기로 잘라서 사용하시오.
4) 부재료를 쌀가루와 잘 섞어 혼합한 후 찜기에 안치시오.
5) 떡반죽을 넣은 찜기를 물솥에 얹어 찌시오.
6) 완성된 쇠머리떡은 15×15cm 정도의 사각형 모양으로 만들어 자르지 말고 전량 제출하시오.
7) 찌는 찰떡류로 제조하며, 지나치게 물을 많이 넣어 치지 않도록 주의하여 제조하시오.

만드는 방법

1. 재료 무게 측정하기
- 모든 재료는 저울을 이용하여 무게를 측정한다.
- 계량하고 남은 재료는 옆에 둔다.

2. 재료 손질하기
- 불린 서리태를 한번 세척한다.
- 냄비에 서리태와 소금 2g, 물 4컵을 넣고 20분간 삶는다.
- 익으면 체에 내려 접시에 펼쳐둔다.
- 호박고지는 아주 미지근한 물에 2cm 정도로 썰어 잠깐 불린다.
- 밤은 4~6등분한다.
- 대추는 돌려깎기하여 6등분한다.
- 호박고지는 면포에 싸서 물기를 제거한다.

3. 찹쌀가루 만들기
- 찹쌀가루에 소금을 양손바닥으로 비벼 넣는다.
- 찹쌀가루에 물 1작은술 정도를 넣는다.

4. 안치기
- 쌀가루에 부재료를 넣고 섞어준다.
- 쌀가루에 설탕 5큰술을 넣고 섞어준다.

5. 찌기
- 찜기에 실리콘을 깔고 설탕을 살짝 뿌려준다.
- 실리콘 위에 밤, 대추, 호박고지를 먼저 놓는다.
- 쌀가루를 손으로 쥐어서 안친다.
- 김 오른 찜기에 30분간 찐다.

6. 성형하기

- 비닐에 식용유를 바른다.
- 찐 떡을 비닐 위에 놓는다.
- 가로, 세로 15×15cm로 사각형 모양으로 만든다.

7. 완성
- 떡이 굳으면 접시에 담아 낸다.

합격 포인트

- 삼색의 두께와 색이 뚜렷해야 한다.
- 칼금을 8등분한다.
- 쌀가루 1컵에 물은 1½큰술 정도로 한다.
- 치자물은 체에 한번 내려서 사용한다.

떡제조기능사 실기

무지개떡(삼색)

시험시간 | 1시간

재료 목록

멥쌀가루 750g
설탕 75g
소금 8g, 물 120g
치자 1개
쑥가루 3g
대추 3개, 잣 2g

요구사항

❈ **무지개떡(삼색)을 만들어 제출하시오.**

1) 떡 제조 시 물의 양은 적정량으로 혼합하여 제조하시오.
   (단, 쌀가루는 물에 불려 소금간하지 않고 2회 빻은 쌀가루이다.)
2) 삼색의 구분이 뚜렷하고 두께가 같도록 떡을 안치고 8등분
   으로 칼금을 넣으시오.
3) 대추와 잣을 흰쌀가루에
   고명으로 올려 찌시오.
   (잣은 반으로 쪼개어
   비늘잣으로 만들어
   사용하시오.)
4) 고명이 위로 올라오게 담아 전량 제출하시오.

〈삼색 구분, 두께 균등〉

〈8등분 칼금〉

만드는 방법

1. 재료 무게 측정하기

- 모든 재료는 저울을 이용하여 무게를 측정한다.
- 계량하고 남은 재료는 옆에 둔다.

2. 재료 손질하기

- 치자를 반으로 쪼개어 물 70ml에 담근다.
- 대추는 얇게 돌려깎기하여 돌돌 말아 썬 뒤 대추꽃을 만든다.
- 잣을 반으로 쪼개어 비늘잣을 만든다.

3. 삼색 쌀가루 만들기

- 찹쌀가루 750g에 소금 8g을 양손바닥으로 비벼 넣는다.
- 쌀가루를 3등분한다.
- 1/3 쌀가루＋물 3큰술
- 1/3 쌀가루＋치자물 3큰술
- 1/3 쌀가루＋쑥가루 3g＋물 3½큰술
- 각 색깔별로 물을 첨가하여 체에 내린다.
- 색깔별로 설탕을 2큰술씩 넣고 섞어준다.

4. 안치기

- 찜기에 실리콘을 깔고 맨 아래 쑥 쌀가루
  →치자 쌀가루→흰 쌀가루 순으로 안친다.
- 삼색이 구분되게 하고 두께는 일정하게 한다.
- 윗면을 스크래퍼로 평평하게 정리한다.

5. 찌기

- 8등분으로 칼금을 넣는다.
- 대추꽃과 비늘잣으로 고명을 한다.
- 김 오른 찜기에 25분간 찌고 5분간 뜸을 들인다.

합격 포인트

- 화전 반죽의 농도를 맞춘다.
- 찹쌀가루는 체에 내리지 않아도 된다.
- 삶은 경단은 두 번 찬물에 헹구고 세 번째 찬물에 잠깐 담가두었다 건진다.
- 삶은 경단은 체에 건져 물기를 제거하고 콩고물을 무친다.

떡제조기능사 실기

경단

재료 목록

찹쌀가루 200g
소금 2g
물 40g
볶은 콩가루 50g

요구사항

❖ **경단을 만들어 제출하시오.**

1) 떡 제조 시 물의 양을 적정량으로 혼합하여 반죽을 하시오.
   (단, 쌀가루는 물에 불려 소금간하지 않고 1회 빻은 찹쌀가루
   이다.)
2) 찹쌀가루는 익반죽하시오.
3) 반죽은 직경 2.5~3cm 정도의 일정한 크기로 20개 이상
   만드시오.
4) 경단은 삶은 후 고물로 콩가루를 묻히시오.
5) 완성된 경단은 전량 제출하시오.

만드는 방법

1. 재료 무게 측정하기
- 모든 재료는 저울을 이용하여 무게를 측정한다.
- 계량하고 남은 재료는 옆에 둔다.

2. 반죽 만들기
- 찹쌀가루에 소금을 양손바닥으로 비벼 넣는다.
- 찹쌀가루에 뜨거운 물 3~4큰술 정도를 넣어 농도를 맞춘다.

3. 반죽 빚기
- 찹쌀반죽을 12g 정도 떼어 20개 만든다.
- 직경 2.5cm 정도로 동그란 모양으로 빚는다.

4. 삶기
- 물이 끓으면 빚은 경단을 넣고 떠오르면 2분 만에 건져 찬물에 헹군다.
- 경단을 찬물에 두 번 헹궈준다.
- 경단을 세 번째 찬물에 잠깐 담가둔다.
- 경단을 체에 내려 물기를 뺀다.

5. 고물 묻히기

- 고물을 체에 한번 내린다.
- 고물 위에 경단을 놓는다.
- 경단을 고물에 묻힌다.

6. 완성

- 남은 고물을 체에 올리고 고물 묻힌 경단 위에 뿌린다.
- 젓가락으로 완성 접시에 옮겨 담아 낸다.

합격 포인트

• 고명을 아주 곱게 채 썰기한다.
• 쌀가루 1컵에 물은 15g 정도로 한다.
• 대추채와 밤채는 1:2 비율로 한다.

떡제조기능사 실기

백편

시험시간 | 1시간

재료 목록

멥쌀가루 500g
설탕 50g
소금 5g
물 80g
깐 밤 3개
대추 5개
잣 2g

요구사항

⊛ **백편을 만들어 제출하시오.**

1) 떡 제조 시 물의 양은 적정량으로 혼합하여 제조하시오. (단, 쌀가루는 물에 불려 소금간하지 않고 2회 빻은 멥쌀가루이다.)
2) 밤, 대추는 곱게 채 썰어 사용하고 잣은 반으로 쪼개어 비늘잣으로 만들어 사용하시오.
3) 쌀가루를 찜기에 안치고 윗면에만 밤, 대추, 잣을 고물로 올려 찌시오.
4) 고물을 올린 면이 위로 오도록 그릇에 담고 썰지 않은 상태로 전량 제출하시오.

만드는 방법

1. 재료 무게 측정하기
- 모든 재료는 저울을 이용하여 무게를 측정한다.
- 계량하고 남은 재료는 옆에 둔다.

2. 재료 손질하기
- 밤은 곱게 채 썬다.
- 대추는 얇게 돌려깎기하여 곱게 채 썬다.
- 잣을 반으로 쪼개어 비늘잣을 만든다.
- 밤채와 대추채는 섞어준다.

3. 쌀가루 만들기
- 멥쌀가루 500g에 소금 5g을 양손바닥으로 비벼 넣는다.
- 쌀가루에 물 7큰술 정도를 첨가하여 손으로 쥐어 농도를 맞춘다.
- 쌀가루를 중간체에 한번 내리고 고운체에 한번 더 내린다.

4. 안치기

- 쌀가루에 설탕 50g을 넣고 섞어준다.
- 찜기에 실리콘을 깔고 쌀가루를 안친다.
- 쌀가루 윗면이 평평하게 스크래퍼로 다듬어준다.

5. 찌기

- 쌀가루 윗면에 밤, 대추, 잣으로 고명을 올린다.
- 김 오른 찜기에 25분간 찌고 5분간 뜸을 들인다.
- 고명이 위로 오도록 담아 낸다.

합격 포인트

- 찜기 실리콘 위에 설탕을 약간 뿌려주면 떡이 잘 떨어진다.
- 꽈리가 일도록 오래 치대기를 한다.
- 크기가 일정하게 나올 수 있도록 자르기를 한다.
- 소금물을 많이 사용하면 떡이 질어질 수 있다.

떡제조기능사 실기

인절미

재료 목록

찹쌀가루 500g
소금 5g
설탕 50g
물 30g
볶은 콩가루 60g
식용유 5g
소금물용 소금 5g

요구사항

❀인절미를 만들어 제출하시오.

1) 떡 제조 시 물의 양을 적정량으로 혼합하여 제조하시오.
   (단, 쌀가루는 물에 불려 소금간하지 않고 1회 빻은 찹쌀가루
   이다.)
2) 익힌 찹쌀반죽은 스테인리스볼과 절굿공이(밀대)를 이용하
   여 소금물을 묻혀 치시오.
3) 친 인절미는 기름 바른 비닐에 넣어 두께 2cm 이상으로 성
   형하여 식히시오.
4) 4×2×2cm 크기로 인절미를 24개 이상 제조하여 콩가루를
   고물로 묻혀 전량 제출하시오.

만드는 방법

1. 재료 무게 측정하기
• 모든 재료는 저울을 이용하여 무게를 측정한다.
• 계량하고 남은 재료는 옆에 둔다.

2. 찹쌀가루 만들기
• 찹쌀가루에 소금 3g을 양손바닥으로 비벼 넣는다.
• 찹쌀가루를 체에 한번 내린다.
• 찹쌀가루에 물 2큰술 정도를 넣어 손바닥으로 비벼 준다.
• 설탕 45g을 넣어준다.

3. 안치기
• 찜기에 실리콘을 깔고 설탕을 조금 뿌린다.
• 찹쌀가루를 주먹으로 쥐면서 안친다.
• 25분간 찐다.

4. 치기
• 소금 2g과 물 2큰술을 넣어 소금물을 준비한다.
• 비닐에 기름을 바른다.
• 절구에 찐 떡을 담고 소금물을 넣어 방망이로 떡을 골고루 친다.

5. 성형하기

- 준비된 비닐에 친 떡을 담아 25×9cm로 성형한다.
- 비닐을 펴고 콩고물을 묻힌다.

6. 완성하기

- 스크래퍼로 떡을 일정한 크기의 가로, 세로, 높이 4×2×2cm로 썬다.
- 인절미 24개를 만들어 제출한다.

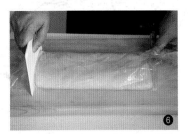

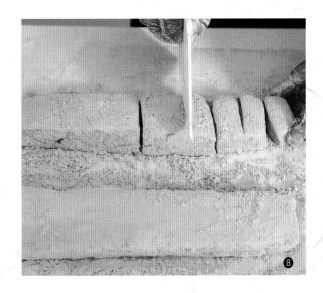

합격 포인트

- 대추를 얇게 돌려깎아 채 썬다.
- 떡의 크기가 일정해야 한다.
- 곱게 대추채를 썬다.
- 찹쌀가루 양이 많으면 25분 찐다.

떡제조기능사 실기 **예상문제**

대추단자

재료 목록

찹쌀가루 200g
소금 3g
물 60g
설탕 30g
대추 13개

요구사항

• 대추 10개는 곱게 채 썰어 고물로 사용하시오.
• 대추 3개는 잘게 다져서 쌀가루 반죽에 섞어 사용하시오.
• 대추 경단을 직경 2cm 정도로 20개 만들어 내시오.
• 쪄낸 반죽에 소를 넣고 모양 틀을 이용해 반달 모양으로 만드시오.
• 기름을 바른 상태로 전량 제출하시오.

만드는 방법

1. 재료 무게 측정하기
- 모든 재료는 저울을 이용하여 무게를 측정한다.
- 계량하고 남은 재료는 옆에 둔다.

2. 찹쌀가루 만들기
- 찹쌀가루에 소금 2g을 넣고 체에 한번 내린다.
- 찹쌀가루 200g에 물 3큰술 정도를 넣어 반죽한다.

3. 찌기
- 찜기에 실리콘을 깔고 설탕을 살짝 뿌린다.
- 찹쌀가루를 손으로 주먹 쥐어 놓는다.
- 김 오른 찜기에 20분 찐다.

4. 재료 손질

- 대추 10개는 돌려깎기하여 곱게 채 썬다.
- 대추 3개는 잘게 다진다.

5. 고물 묻히기

- 반죽을 볼에 넣고 다진 대추와 소금물 1큰술을 넣어 절굿공이로 치댄다.
- 반죽을 12g 정도 떼어 동그랗게 빚는다.
- 대추 고물을 묻혀 20개 담아 낸다.

합격 포인트

- 카스텔라 겉면은 제거하고 어레미에 내려 고물을 만든다.
- 찰떡은 뜸을 들이지 않는다.
- 고명을 하고 고물을 묻힌다.
- 고명이 보이도록 고물을 살짝 털어낸다.

꽃인절미

시험시간 | 1시간

재료 목록

찹쌀가루 200g
소금 2g
꿀 2T, 물 60g
카스텔라 1개
대추 2개
쑥갓 1줄기, 설탕 20g

요구사항

• 찹쌀가루에 소금과 물을 넣어 농도를 맞추시오.
• 떡에 꿀을 바르고 고물을 묻히시오.
• 떡은 가로, 세로 4×2cm로 자르시오.
• 완성된 꽃인절미는 전량 제출하시오.

만드는 방법

1. 재료 무게 측정하기
- 모든 재료는 저울을 이용하여 무게를 측정한다.
- 계량하고 남은 재료는 옆에 둔다.

2. 찹쌀가루 만들기
- 찹쌀가루에 소금을 양손바닥으로 비벼 넣는다.
- 찹쌀가루에 물 2큰술을 넣고 섞어준다.

3. 안치기
- 찜기에 실리콘을 깔고 설탕을 조금 뿌린다.
- 찹쌀가루를 손으로 주먹 쥐어 놓는다.
- 김 오른 찜기에 25분 찐다.

4. 재료 손질하기
- 대추는 씨를 빼고 돌돌 말아 썰어 꽃 모양으로 만든다.
- 쑥갓은 한 잎씩 떼어낸다.
- 카스텔라는 겉면을 제거하고 어레미 체에 내린다.

5. 성형하기

- 찐 떡을 볼에 담고 절굿공이로 소금물을 묻히면서 친다.
- 기름 바른 비닐에 친 떡을 놓고 긴 사각형으로 만든다.
- 가로, 세로 4×2cm로 자른다.
- 붓으로 앞, 뒤에 꿀을 바른다.

6. 완성

- 떡 위에 대추꽃과 쑥갓으로 고명을 한다.
- 카스텔라 고물 위에 떡을 놓고 앞, 뒤에 고물을 묻힌다.
- 양손바닥으로 고물을 살짝 털어 제출한다.

합격 포인트

- 반죽이 갈라지면 손가락으로 물을 적셔주면서 빚는다.
- 화전은 약불에서 색이 나지 않게 지진다.
- 시럽은 설탕과 물을 1:1 비율로 만든다.
- 생화는 지지면 색이 변하므로 익히지 않는다.

떡제조기능사 실기 **예상문제**

화전

시험시간 | 1시간

재료 목록

찹쌀가루 100g
소금 1g
물 20g
생화 적당량
설탕 40g
식용유 적당량

요구사항

- 찹쌀가루는 익반죽하시오.
- 설탕과 물로 시럽을 만드시오.
- 화전은 직경 4cm, 두께 0.5cm로 빚으시오.
- 생화로 고명을 하시오.

1. 재료 무게 측정하기
- 모든 재료는 저울을 이용하여 무게를 측정한다.
- 계량하고 남은 재료는 옆에 둔다.

2. 반죽하기
- 찹쌀가루에 소금을 양손바닥으로 비벼 넣는다.
- 찹쌀가루에 뜨거운 물 2큰술을 넣어 익반죽한다.
- 비닐팩에 반죽을 넣어 숙성시킨다.

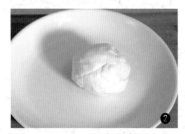

3. 재료 손질하기
- 꽃잎을 한 잎씩 떼어 접시에 담아둔다.

4. 시럽 만들기
- 냄비에 물 4큰술을 먼저 담고 설탕 4큰술을 넣는다.
- 시럽이 끓으면 약불로 낮춘다.
- 시럽이 1/3 정도로 줄어들면 불을 끈다.

5. 성형하기
- 반죽을 직경 2cm 정도로 길고 둥글게 만든다.
- 폭 1.5cm 정도로 다섯 개 썬다.
- 반죽을 직경 5cm, 두께 0.5cm 정도로 둥글납작하게 빚는다.

6. 지지기

- 팬에 식용유 1큰술을 두르고 반죽을 놓는다.
- 앞면이 거의 투명해지면 뒤집어준다.
- 윗면이 투명해지면 생화로 고명을 한다.

7. 완성

- 접시에 화전을 놓는다.
- 시럽을 약불에서 녹인다.
- 화전 위에 숟가락으로 끼얹어준다.

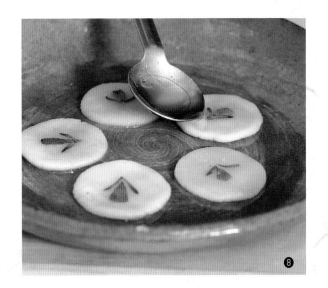

합격 포인트

- 팥 5배 정도의 물을 부어 삶는다.
- 붉은팥을 절구에 넣고 대충 찧는다.
- 고물에 설탕과 소금으로 간을 한다.
- 찐 떡의 윗면을 완성 접시에 담는다.

떡제조기능사 실기 **예상문제**

팥시루떡

시험시간 | 1시간

재료 목록

멥쌀가루 500g

소금 5g

물 80g

설탕 5큰술

붉은팥 1컵

요구사항

- 팥을 삶아 고물을 만드시오.
- 팥고물에 설탕과 소금을 첨가하여 간을 하시오.
- 완성된 팥시루떡은 자르지 말고 전량 제출하시오.

만드는 방법

1. 재료 무게 측정하기
- 모든 재료는 저울을 이용하여 무게를 측정한다.
- 계량하고 남은 재료는 옆에 둔다.

2. 고물 만들기
- 팥은 삶아 찬물에 한번 헹군다.
- 냄비에 붉은팥을 담고 물 5컵, 소금 1g, 설탕 1큰술을 넣고 푹 삶는다.
- 삶은 팥은 볼에 담아 절구봉으로 대충 찧는다.
- 팥고물에 소금 1g, 설탕 2큰술을 넣고 섞어준다.

3. 쌀가루 만들기
- 쌀가루에 소금 3g을 양손으로 비벼 넣는다.
- 쌀가루에 물을 8큰술을 넣고 손으로 쥐어 농도를 맞춘다.
- 쌀가루를 체에 한번 내린다.
- 쌀가루에 설탕 4큰술을 넣는다.

4. 안치기
- 찜기에 실리콘을 깐다.
- 팥고물 1/2을 평평하게 놓는다.
- 쌀가루를 놓고 스크래퍼로 다듬어준다.
- 쌀가루 위에 팥고물 1/2을 올리고 평평하게 한다.

5. 찌기
- 김 오른 찜기에 25분 찐다.
- 찐 떡은 완성 접시에 받쳐 뒤집어준다.
- 완성 접시에 담아 제출한다.

합격 포인트

- 성형할 때 떡이 마르지 않게 젖은 면포를 덮는다.
- 떡이 식기 전에 문양을 낸다.
- 완성떡은 참기름과 물을 2:1 비율로 만들어 바른다.

떡제조기능사 실기 **예상문제**

절편

시험시간 | 1시간

재료 목록

멥쌀가루 500g
소금 5g
물 150g
참기름 적당량

요구사항

• 둥글고 긴 떡가래를 만들어 문양을 내시오.
• 참기름을 발라 제출하시오.
• 절편을 만들어 전량 제출하시오.

만드는 방법

1. 재료 무게 측정하기
- 모든 재료는 저울을 이용하여 무게를 측정한다.
- 계량하고 남은 재료는 옆에 둔다.

2. 쌀가루 만들기
- 쌀가루에 소금 5g을 양손으로 비벼 넣는다.
- 쌀가루에 물 12큰술을 넣고 섞어준다.

3. 안치기
- 찜기에 실리콘을 깐다.
- 쌀가루를 안친다.

4. 찌기
- 김 오른 찜기에 25분 찐다.

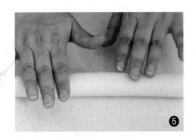

5. 성형하기

- 볼에 떡을 담고 소금물을 묻혀가며 절굿공이로 친다.
- 친 떡을 도마 위에 놓고 양손으로 굴려주면서 가래떡 모양으로 빚는다.

6. 완성하기

- 길고 둥근 모양의 떡을 떡살로 눌러 문양을 낸다.
- 적당한 크기로 잘라 참기름을 바른다.
- 접시에 담아 제출한다.

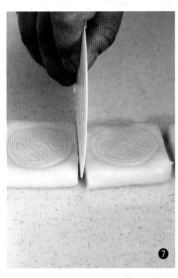

합격 포인트

- 떡의 크기가 일정해야 한다.
- 떡의 반죽 두께가 일정해야 한다.
- 떡이 마르지 않도록 기름을 발라준다.
- 소 앙금이 중앙에 오도록 한다.

떡제조기능사 실기 **예상문제**

개피떡

재료 목록

멥쌀가루 200g
소금 2g
물 80g
식용유 10g
참기름 5g
팥앙금 50g

요구사항

• 떡 제조 시 물의 양을 적정량으로 혼합하여 제조하시오.
• 쌀가루에 소금과 물주기를 하여 찜기에 안쳐 찌시오.
• 삶은 팥은 소금과 설탕을 넣고 빻아 소로 만들어 넣어 사용
 하시오.
• 쪄낸 반죽에 소를 넣고 모양 틀을 이용해 반달 모양으로
 만드시오.
• 기름을 바른 상태로 전량 제출하시오.

만드는 방법

1. 재료 무게 측정하기
• 모든 재료는 저울을 이용하여 무게를 측정한다.
• 계량하고 남은 재료는 옆에 둔다.

2. 쌀가루 물 내리기
• 쌀가루에 소금 2g을 넣고 체에 한번 내린다.
• 멥쌀가루 200g에 물 4큰술 정도를 넣고 농도를 맞춘다.

3. 찜기에 안치기
• 찜기에 실리콘을 깔고 멥쌀가루를 안친다.

4. 찌기
• 김 오른 찜기에 25분 찌고 5분간 뜸을 들인다.

5. 소 만들기
• 팥앙금을 12g씩 분할해 동그랗게 만든다.

6. 성형하기

- 반죽에 소금물을 1큰술 넣고 방망이로 친다.
- 반죽을 방망이로 길고 납작하게 민다.
- 소를 중앙에 놓는다.
- 반죽을 반으로 접어 바람떡 틀을 이용해 찍어낸다.

7. 완성하기

- 참기름물을 바른다.
- 접시에 전량 제출한다.

합격 포인트

- 찹쌀을 찔 때 중간에 소금물로 간을 한다.
- 찐 찹쌀에 시럽을 넣어 잘 섞어준다.
- 간장과 황설탕으로 찐 찹쌀에 고루 색이 나게 잘 섞어준다.

약식

시험시간 | 1시간

재료 목록

불린 찹쌀 5컵, 밤 5개
대추 5개, 잣 2큰술
간장 3큰술, 꿀 1큰술
참기름 2큰술, 소금 1작은술
후춧가루 1/3작은술
황설탕 3큰술, 계핏가루 1/2작은술
식용유 1큰술, 백설탕 2큰술

요구사항

- 충분히 불린 찹쌀을 사용하시오.
- 발라낸 대추씨를 끓여 대추고를 만드시오.
- 설탕과 기름을 이용하여 시럽을 만드시오.
- 대접에 담아 전량을 제출하시오.

만드는 방법

1. 재료 무게 측정하기
• 모든 재료는 저울을 이용하여 무게를 측정한다.
• 계량하고 남은 재료는 옆에 둔다.

2. 찹쌀 안치기
• 충분히 불린 찹쌀을 씻어 체에 밭쳐 물기를 뺀다.
• 찜기에 젖은 면포를 깔고 찹쌀을 안쳐 30분 찐다.
• 소금 1작은술, 물 1/2컵으로 소금물을 만든다.
• 찌는 도중에 소금물을 끼얹은 뒤 주걱으로 저어 간을
　한다.

3. 대추고 만들기
• 냄비에 물 2컵과 발라낸 대추씨를 넣고 끓인다.
• 푹 삶은 대추는 체에 내린다.

4. 부재료 손질
• 밤은 껍질을 벗겨 8등분 정도로 썬다.
• 대추는 돌려깎기하여 6등분 정도로 썬다.
• 잣은 젖은 면포에 담아 고깔을 뗀다.

5. 캐러멜 소스 만들기
• 냄비에 식용유 1큰술과 백설탕 2큰술을 넣고 중불
　에서 끓인다.
• 갈색이 나면 약불로 줄여 전분을 넣은 뒤 불을 끄고
　저어준다.

6. 재료 섞어주기

- 1차 찐 찹쌀을 스텐볼에 담는다.
- 간장과 캐러멜 소스를 넣고 골고루 잘 섞어준다.
- 부재료를 넣고 한번 더 섞어준다.

7. 배합된 찹쌀 찌기

- 김 오른 찜기에 젖은 면포를 깔고 약식을 안친다.
- 30분 더 쪄준다.
- 대접에 담아 완성한다.

합격 포인트

- 떡 반죽이 뜨거울 때 고물을 묻힌다.
- 반죽을 일정 크기로 뗀다.
- 고물을 살짝 묻힌 뒤 털어준다.

흑임자구름떡

시험시간 | 1시간

재료 목록

찹쌀가루 5컵
설탕 7큰술
흑임자 1컵
밤 5개
대추 5개
잣 2큰술
소금 2g

요구사항

• 흑임자를 고물로 사용하시오.
• 떡에 흑임자가루를 많이 묻히면 구름떡이 분리된다.
• 대추는 익혀서 사용하시오.
• 대접에 담아 전량을 제출하시오.

만드는 방법

1. 재료 무게 측정하기

- 모든 재료는 저울을 이용하여 무게를 측정한다.
- 계량하고 남은 재료는 옆에 둔다.

2. 재료 손질하기

- 대추는 돌려깎기하여 6등분으로 썬다.
- 밤은 껍질을 벗겨 8등분 정도로 썬다.
- 잣은 젖은 면포로 닦아 고깔을 뗀다.

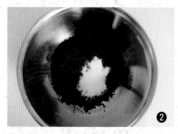

3. 고물 만들기

- 흑임자 고물에 설탕 2큰술을 넣고 섞어준다.

4. 찹쌀가루 만들기

- 찹쌀가루 5컵에 소금 2g을 넣고 섞어준다.
- 찹쌀가루에 물 15g을 넣는다.
- 설탕 5큰술을 넣는다.
- 찹쌀가루에 부재료를 넣고 섞어준다.

5. 찌기

• 찜기에 젖은 면포를 깔고 설탕을 조금 뿌린다.

• 부재료 섞은 찹쌀가루를 주먹 쥐어 안친다.

• 김 오른 찜기에 30분 찐다.

6. 고물 묻히기

• 찐 떡을 한 주먹만큼씩 뗀다.

• 흑임자 고물을 묻히고 살짝 털어낸다.

• 사각틀에 비닐을 깔고 흑임자가루를 조금 놓는다.

• 흑임자가루를 묻힌 떡을 켜켜이 담는다.

• 떡을 담고 윗면을 손으로 눌러준다.

• 떡이 굳으면 폭 2cm 정도로 썰어 담아 낸다.

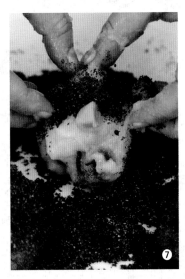

합격 포인트

- 쌀가루에 물과 꿀로 농도를 맞춘다.
- 윗면에 녹두고물을 편편하게 잘 펴준다.

떡제조기능사 실기 **예상문제**

석탄병

시험시간 | 1시간

재료 목록

멥쌀 5컵, 소금 1작은술
꿀 2큰술, 물 50g
녹두고물 200g, 대추 3개
설탕 3큰술, 밤 3개, 감가루 2/3컵
계핏가루 1/2작은술
잣가루 3큰술
유자청 또는 생강정과 1큰술

요구사항

• 쌀가루에 감가루를 넣어 사용하시오.
• 쌀가루에 물과 꿀로 농도를 맞추시오.
• 밤과 대추는 0.5cm 정도로 썰어 사용하시오.
• 접시에 담아 제출하시오.

1. 재료 무게 측정하기
- 모든 재료는 저울을 이용하여 무게를 측정한다.
- 계량하고 남은 재료는 옆에 둔다.

2. 쌀가루 만들기
- 멥쌀가루 5컵에 소금 3g, 물 7큰술 정도와 감가루, 꿀을 넣고 섞어 농도를 맞춘다.
- 쌀가루를 체에 한번 내린다.

3. 재료 손질
- 밤은 껍질을 벗기고 0.5cm 정도로 썬다.
- 대추는 돌려깎기하여 0.5cm 정도로 썬다.
- 유자청 또는 생강정과 1큰술은 다진다.
- 쌀가루에 부재료를 섞는다.

4. 고물 만들기
- 녹두고물에 설탕 2큰술을 넣어 고물을 만든다.

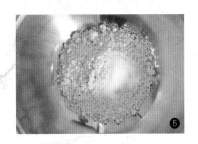

5. 찌기

- 찜기에 젖은 면포를 깐다.
- 녹두고물을 넣어 평평하게 한다.
- 부재료를 섞은 쌀가루를 놓는다.
- 쌀가루 위에 고물을 얹고 평평하게 펴준다.
- 김 오른 찜기에 25분 찐다.
- 5분 뜸을 들인다.

6. 완성하기

- 접시에 떡을 담아 제출한다.

합격 포인트

- 거피팥고물은 약불에서 간장으로 간을 하면서 볶는다.
- 고물을 주걱으로 누르면서 고슬하게 볶는다.
- 찹쌀가루에 간장을 넣고 손바닥으로 고루 비벼 체에 내린다.

두텁떡

시험시간 | 1시간

재료 목록

찹쌀가루 5컵, 진간장 3큰술
설탕 7큰술, 거피팥고물 5컵
계핏가루 1/2작은술
후춧가루 1/3작은술
팥고물 1컵, 꿀 1큰술
유자청 1큰술, 밤 3개
대추 3개, 잣 1작은술

요구사항

• 거피팥고물은 간장을 넣어 볶아서 사용하시오.
• 밤과 대추는 잘게 썰어 사용하시오.
• 접시에 고물과 함께 담아 제출하시오.

만드는 방법

1. 재료 무게 측정하기
- 모든 재료는 저울을 이용하여 무게를 측정한다.
- 계량하고 남은 재료는 옆에 둔다.

2. 고물 만들기
- 고물은 간장 2큰술을 넣어 고슬하게 볶는다.
- 고물에 설탕 2큰술, 계핏가루 1/2작은술, 후춧가루 1/3작은술 넣는다.
- 수분이 없어질 때까지 볶는다.
- 어레미에 한번 내린다.

3. 재료 손질
- 밤은 껍질을 벗기고 잘게 썬다.
- 대추는 돌려깎기하여 잘게 썬다.
- 유자청은 잘게 다진다.

4. 소 만들기
- 팥고물 1컵에 잘게 썬 밤, 대추, 유자청 1큰술, 잣 1작은술, 꿀 1큰술을 넣어 직경 1.5cm 정도로 둥글납작하게 빚는다.

5. 찹쌀가루 만들기
- 찹쌀가루에 간장 1큰술을 넣고 고루 섞어 준다.
- 중간체에 한번 내린다.
- 찹쌀가루에 설탕 5큰술을 넣고 섞는다.

6. 떡 만들기

- 찜기에 거피팥고물을 깐다.
- 찹쌀가루를 한 수저씩 드문드문 놓는다.
- 찹쌀가루 위에 팥소를 하나씩 놓는다.
- 다시 그 위에 찹쌀가루를 한 수저씩 덮는다.
- 남은 고물을 떡 위에 수북이 올린다.

7. 안치기

- 김 오른 찜기에 30분 찐다.
- 떡을 숟가락으로 하나씩 떠내어 담는다.
- 접시에 전량 담아 낸다.

참고문헌

• 쉽게 맛있게 아름답게 만드는 떡, 한복려 저, 궁중음식연구원, 1999

• 떡제조기능사, 하현숙 저, 백산출판사, 2020

• 조리원리, 안선정, 백산출판사, 2009

• 우리 떡 · 한과, 이영옥 공저, 대왕사, 2012

• 최신조리원리, 정상열 공저, 백산출판사, 2013

• 고려이전 한국식생활사연구, 이성우 저, 향문사, 1978

• 한국음식역사와 조리, 윤서석 저, 수학사, 1983

• 떡제조기능사 필기, 정순영 공저, 에듀경록, 2019

• 민들레를 첨가한 절편의 항산화 활성 및 품지특성, 곽정순, 2013

• 한식기능장 실기, 전혜경 공저, 백산출판사, 2023

• 떡제조기능사 실기, 최순자 공저, 에듀경록, 2019

• 3대가 쓴 한국의 전통음식, 황혜성 공저, 교문사, 2010

• NCS기반의 떡제조기능사, 강란기 공저, 도서출판유강, 2023

• QPASS 떡제조기능사, 이현경 공저, 다락원, 2023

저자약력

곽정순

동아대학교 식품영양학과 이학 석·박사
대한민국 국가공인 조리기능장
한국산업인력공단 조리기능사, 기사,
  기능장 감독위원
대동대학교 호텔외식조리학과 겸임
부산요리전문학원장

김경숙

동국대학교 조리교과교육학 석사
소연힐링푸드연구소장
부산명인협회 사찰음식 명인, 조리교육 명인
파리 그랑펠레 Taste of Paris 음식박람회 전시 및 참가
한식세계화 리더상

주명희

영산대학교 조리예술 석사과정
예인푸드아카데미학원장
제22회 한국음식관광박람회 대통령상
대한민국한식포럼 한식대가
한식산업기사

윤영주

동원과학기술대학교 웰빙외식창업과 졸업
언양조리학원장
사찰음식 1급지도사
직업능력개발훈련교사 3급
한식산업기사

이선미

경기대학교 대체의학과 석사
더담식문화자원연구소 대표
아산 요리 제과·제빵 직업전문학교 훈련 교사
한국 국제요리경연대회 떡한과 국무총리상
제22회 한국음식관광박람회 대통령상

송승빈

부산여자대학교 호텔외식조리학과 졸업
501요리 연구소장
동남아 요리 연구
2016년 이금요리대회 2등
부산요리전문학원 강사

최혜경

영산대학교 조리예술전공 석사
국가기술자격증 조리기능사 실기감독위원
대한민국 챌린지컵 국제요리대회 대상
로컬스토리쿠킹 대표
양산시 여성센터 강사

이찬성

동원과학기술대학 웰빙외식창업과 졸업
수영음식나라조리학원 부원장
제과제빵 한,중,일,양식 조리기능사

도종희

동아대학교 식품영양학과 이학석사
전통혼례음식 1급지도사
직업훈련교사음식조리 1급
동원과학기술대학 호텔외식조리학과 겸임
신동경요리커피학원장

박은경

영산대학교 조리예술학과 석사과정
대한민국 챌린지컵 국제요리대회 대상
월드셰프컬리너리컵 코리아 대상
한식, 중식 조리산업기사

저자와의
합의하에
인지첩부
생략

떡제조기능사 필기 & 실기

2023년 8월 20일 초판 1쇄 인쇄
2023년 9월　1일 초판 1쇄 발행

지은이　곽정순 · 주명희 · 이선미 · 최혜경 · 도종희
　　　　　김경숙 · 윤영주 · 송승빈 · 이찬성 · 박은경
펴낸이　진욱상
펴낸곳　(주)백산출판사
교　정　성인숙
본문디자인　오정은
표지디자인　오정은

등　록 2017년 5월 29일 제406-2017-000058호
주　소 경기도 파주시 회동길 370(백산빌딩 3층)
전　화 02-914-1621(代)
팩　스 031-955-9911
이메일 edit@ibaeksan.kr
홈페이지 www.ibaeksan.kr

ISBN 979-11-6567-694-0　13590
값 20,000원